U0182386

机械零部件的三维造型

主　编◎卓良福　张义武　张何仙

副主编◎郑佳丽　蔚明扬　梁忠玲　王茜雯

清华大学出版社
北京

内 容 简 介

本书以培养学生掌握机械零部件三维造型的工作过程为核心，将职业素养融入书中，以三维造型的基本规律为依据，按照企业的三维造型流程组织课程内容，引导学生综合应用软件的基本功能进行零件的三维造型，主动学习绘图要用到的知识点和职业技能，使学生更好地掌握三维造型的基本方法。

全书共安排 8 个学习情境。其中机械零部件的三维造型包括 5 个学习情境，可以让学生掌握三维造型的拉伸、旋转等命令的应用；机械零部件的三维装配包括 3 个学习情境，可以让学生掌握机械零部件的基本装配方法，验证零部件的合理性。

本书可以作为中等职业教育数控技术应用、模具制造技术等机械类专业的教学用书，也可以作为机械行业的培训教材，并可供从事 3D 绘图的人员参考。

图书在版编目（CIP）数据

机械零部件的三维造型 / 卓良福，张义武，张何仙主编. —北京：清华大学出版社，2024.1
ISBN 978-7-302-65159-8

Ⅰ．①机…　Ⅱ．①卓…　②张…　③张…　Ⅲ．①三维—机械元件—造型设计—计算机辅助设计—应用软件　Ⅳ.①TB472-39

中国国家版本馆 CIP 数据核字（2024）第 018801 号

责任编辑：杜春杰
封面设计：刘　超
版式设计：文森时代
责任校对：马军令
责任印制：丛怀宇

出版发行：清华大学出版社
　　　　网　　　址：https://www.tup.com.cn，https://www.wqxuetang.com
　　　　地　　　址：北京清华大学学研大厦 A 座　　　　　　邮　　编：100084
　　　　社 总 机：010-83470000　　　　　　　　　　　　邮　　购：010-62786544
　　　　投稿与读者服务：010-62776969，c-service@tup.tsinghua.edu.cn
　　　　质量反馈：010-62772015，zhiliang@tup.tsinghua.edu.cn
印 装 者：小森印刷霸州有限公司
经　　销：全国新华书店
开　　本：185mm×260mm　　　印　　张：18　　　字　　数：390 千字
版　　次：2024 年 1 月第 1 版　　　　　　　　　　印　　次：2024 年 1 月第 1 次印刷
定　　价：75.00 元

产品编号：100813-01

总　序

自 2019 年《国家职业教育改革实施方案》颁行以来，"双高建设"和"提质培优"成为我国职业教育高质量建设的重要抓手。但是，必须明确的是，职业教育和普通教育是两种不同的教育类型，这不仅是政策要求，也是《中华人民共和国职业教育法》的法定条文，二者最大的不同在于，普通教育是学科教育，职业教育是专业教育。专业，就是职业在教育领域的模拟、仿真、镜像、映射或者投射，就是让学生"依葫芦画瓢"地学会职业岗位上应该完成的工作；学科，就是职业领域的规律和原理的总结、归纳和升华，就是让学生学会事情背后的底层逻辑、哲学思想和方法论。因此，前者重在操作和实践，后者重在归纳和演绎。但是，任何时候，职业总是规约专业和学科的发展方向，而专业和学科则以相辅相成的关系表征着职业发展的需求。可见，职业教育的高质量建设，其命脉就在于专业建设，而专业建设的关键内容就是调研企业、制订人才培养方案、开发课程和教材、教学实施、教学评价以及配置相应的资源和条件，这其实就是教育领域的人才培养链条。

在职业教育人才培养的链条中，调研企业相当于"第一颗纽扣"，如果调研企业不深入，则会导致后续的各个专业建设环节出现严重的问题，最终导致人才培养的结构性矛盾；人才培养方案就是职业教育人才培养的"菜谱"，它规定了专业建设其他各个环节的全部内容；课程和教材就好比人才培养过程中所需要的"食材"，是教师通过教学实施"饲喂"给学生的"精神食粮"；教学实施就是教师根据学生的"消化能力"对"食材"进行特殊的加工（即备课），形成学生爱吃的美味佳肴（即教案），并使用某些必要的"餐具"（即教学设备和设施，包括实习实训资源）"饲喂"给学生，让学生学会自己利用"餐具"来享受这些美味佳肴；教学评价就是教师测量或者估量学生自己利用"餐具"品尝这些美味佳肴的熟练程度，以及"食用"过这些"精神食粮"之后的成长增量或者成长状况；资源和条件就是教师"饲喂"和学生"食用"过程中所需要借助的"工具"或者保障手段等。需要注意的是，课程和教材实际上就是"一个硬币的两面"，前者重在实质性的内容，后者重在形式上的载体；随着数字技术的广泛应用，电子教材、数字教材和融媒体教材等出现后，课程和教材的界限正在逐渐消融。在大多数情况下，只要不是专门进行理论研究的人员，就没有必要过分纠结课程和教材之间的细微差别，而是要抓住其精髓，重在教会学生做事的能力。显而易见，课程之于教师，就是米面之于巧妇；课程之于学生，就是饭菜之于饥客。因此，职业教育专业建设的关键在于调研企业，但是重心在于课程和教材建设。

然而，在所谓的"教育焦虑"和"教育内卷"面前，职业教育整体向学科教育靠近的氛围已经酝酿成熟，摆在职业教育高质量发展面前的问题是，究竟是仍然朝着高质量的"学科式"职业教育发展，还是向高质量的"专业式"职业教育迈进。究其根源，"教育焦虑"和"教育内卷"仅仅是经济发展过程中的征候，其解决的锁钥在于经济改革，而不在于教育改革。但是，就教育而言，必须首先能够适应经济的发展趋势，方能做到"有为才有位"。因此，"学科式"职业教育的各种改革行动必然会进入"死胡同"，而真正的高质量职业教育的出路依然是坚持"专业式"职业教育的道路。但是目前的职业教育的课程和教材，包括现在流通的活页教材，仍然是学科逻辑的天下，难以彰显职业教育的类型特征。为了扭转这种局面，工作过程系统化课程的核心研究团队协同青海交通职业技术学院、鄂尔多斯理工学校、深圳宝安职业技术学校、中山市第一职业技术学校、重庆工商职业学院、包头机械工业职业学校、吉林铁道职业技术学院、内蒙古环成职业技术学校、重庆航天职业技术学院、重庆建筑工程职业学院、赤峰应用职业技术学院、赤峰第一职业中等专业学校、广西幼儿师范高等专科学校等，按照工作过程系统化课程开发范式，借鉴德国学习场课程，按照专业建设的各个环节循序推进教育改革，并从企业调研入手，开发了系列专业核心课程，撰写了基于"资讯—计划—决策—实施—检查—评价"（以下简称 IPDICE）行动导向教学法的工单式活页教材，并在部分学校进行了教学实施和教学评价，特别是与"学科逻辑教材+讲授法"进行了对比教学实验。

该系列活页教材的优点如下。第一，内容来源于企业生产，能够将新技术、新工艺和新知识纳入教材当中，为学生高契合度就业提供了必要的基础；第二，体例结构有重要突破，打破了以往学科逻辑教材的"章—单元—节"这样的体例，创立了由"学习情境—学习性工作任务—典型工作环节—IPDICE 活页表单"构成的行动逻辑教材的新体例；第三，实现一体融合，将课程（教材）和教学（教案）模式融为一体，结合"1+X"证书制度的优点，兼顾职业教育教学标准"知识、技能、素质（素养）"三维要素以及思政元素的新要求，通过"动宾结构+时序原则"以及动宾结构的"行动方向、目标值、保障措施" 3 个元素来表述每个典型工作环节的具体职业标准的方式，达成了"理实一体、工学一体、育训一体、知行合一、课证融通"的目标；第四，通过模块化教学促进学生的学习迁移，即教材按照由易到难的原则编排学习情境以及学习性工作任务，实现促进学生学习迁移的目的，按照典型工作环节及配套的 IPDICE 活页表单组织具体的教学内容，实现模块化教学的目的；该系列活页教材能够实现"育训一体"，是因为培训针对的是特定岗位和特定的工作任务，解决的是自迁移的问题，也就是"教什么就学会什么"；教育针对的则是不确定的岗位或者不确定的工作任务，解决的是远迁移的问题，即通过教会学生某些事情，希望学生能掌握其中的方法和策略，以便未来能够自己解决任何从未遇到过的问题；其中，IPDICE 实际上就是完成每个典型工作环节的方法和策略；第五，能够纠正学生不良的行为习惯并提升学生的自信心，即每个典型工作环节均需要通过 IPDICE 6 个维度完成，且每个典型工作环节完成之后均需要以"E（评价）"结束。除此之外，该系列活页教材还有很多其他优点，在此不再一一赘述。

活页教材虽然具有能够随时引入新技术、新工艺和新知识等很多优点，但是也有很多值得思考的地方。第一，环保性问题，实际上一套完整的活页教材既需要教师用书和教师辅助手册，还需要学生用书和学生练习手册等，且每次授课会产生大量的学生课堂作业所需的活页表单，非常浪费纸张和印刷材料；第二，便携性问题，当前活页教材是以活页形式装订在一起的，如果整本书带入课堂则非常厚重，如果按照学习性工作任务拆开带入课堂则容易遗失；第三，教学评价数据处理的工作量较大，即按照每个学习性工作任务 5 个典型工作环节，每个典型工作环节有 IPDICE 6 个活页表单，每个活页表单需要至少 5 个采分点，每个班按照 50 名学生计算，则每次授课结束后，就需要教师评价 7500 个采分点，这个工作量非常大；第四，内容频繁更迭的内在需求与教材出版周期较长的悖论，即活页教材本来是为了满足职业教育与企业紧密合作，并及时根据产业技术升级更新教材内容，但是教材出版需要比较长的时间，这其实与活页教材开发的本意相互矛盾。为此，工作过程系统化课程开发范式核心研究团队根据职业院校"双高计划"和"提质培优"的要求，以及教育部关于专业的数字化升级、学校信息化和数字化的要求，研制了基于工作过程系统化课程开发范式的教育业务规范管理系统，能够满足专业建设的各个重要环节，不仅能够很好地解决上述问题，还能够促进师生实现线上和线下相结合的行动逻辑的混合学习，改变了以往学科逻辑混合学习的教育信息化模式。

如果教师感觉 IPDICE 活页表单不适合自己的教学风格，可按照项目教学法的方式，只讲授每个学习情境下的各个学习性工作任务的任务单。大家认真尝试过 IPDICE 教学法之后会发现，IPDICE 是非常有价值的教学方法，这种教学方法不仅能够纠正学生不良的行为习惯，还能够增强学生的自信心，进而能够提升学生学习的积极性，并减轻教师的工作压力。

大家常说："天下职教一家人。"因此，在使用该系列教材的过程中，如果遇到任何问题，或者有更好的改进思想，敬请来信告知，我们会及时进行认真回复。

姜大源　闫智勇　吴全全

2023 年 9 月于天津

前　　言

　　本书由广东省卓良福名师工作室组织骨干教师按照"基于工作过程系统化"的有关方法，与企业合作共同编写而成，是机械类专业课程改革成果教材，是 3D 绘图、产品设计等职业工种必备的培训参考资料。

　　本书是以培养学生综合职业能力为目标，以典型工作任务为载体，以学生为中心，以职业能力清单为基础，根据典型工作任务和工作过程设计的一系列学习情境的综合体。全书以实际工作过程构建教材内容，以跑车模型作为学习的载体，增强学生的学习兴趣，共有 8 个学习情境：跑车模型车轴的三维造型、跑车模型车轮的三维造型、跑车模型前翼的三维造型、跑车模型后翼的三维造型、跑车模型车身的三维造型、跑车模型车体的三维装配、跑车模型轮系的三维装配、跑车模型整车的三维装配。与大部分同类教材不同，本书从资讯、计划、决策、实施、检查、评价 6 个维度进行介绍，以培养学生良好的习惯。

　　本书具有以下特点：

　　（1）本书内容与职业标准深度融合，实现企业需求无缝对接。书中将国家职业资格标准中与 3D 绘图、软件应用有关的知识技能细化分解到每一个情境中，情境由简单到复杂，使学生容易上手，达到知识的迁移。

　　（2）本书将机械零部件三维造型的典型工作过程化，学习载体吸引力强。随着工业的发展，软件越来越先进，本书根据学生的兴趣优选载体，将企业的工作过程融入书中，让学生学完即会做事。

　　（3）本书内容立体化、动态化，可以有效促进学生自主学习。本书采用表单式结构，让学生通过自主学习找到表单上所要填写的内容，一些经典的教学资源可以通过学习通、学银在线等平台获取，使学生能随时随地进行自主学习，激发学生学习的兴趣，让学生快速掌握学习内容。

　　本书的参考学时为 72 学时，建议采用理实一体化教学模式。各项目的参考学时在每个情境的学习任务单上均有体现。

　　本书在姜大源教育名家工作室闫智勇博士的指导下，由广东省职业教育名师卓良福主持完成编写。其中，学习情境一至五由深圳市宝安职业技术学校张义武和郑佳丽编写；学习情境六和八由深圳市宝安职业技术学校张何仙编写；学习情境七由深圳市宝安职业技术学校蔚明扬编写。金三维模具有限公司梁忠玲、天津大学王茜雯参与书稿的审核，张义武统一汇总。

　　由于编写时间仓促，编者水平有限，书中难免存在一些疏漏和不妥之处，恳请广大读者批评指正。

编　者

2023 年 8 月

本书使用说明

本书以跑车模型的部分零件造型作为学习性工作的载体，从简单零件的造型到复杂零件的造型依次设计学习情境和学习性工作任务，每个学习性工作任务承载了相关的跑车模型机械零部件三维造型的知识点、技能点和素养点，能激发学生的学习兴趣，提升学生的操作能力。

本书为学生使用版，学生通过自我学习和教师的教学指导完成教材空白处的填写。本书共8个学习情境，每个学习情境都是按照工作过程系统化课程开发范式的 IPDICE 法进行介绍的。本书将每个学习情境划分为7±2学习步骤，每一步分别从资讯、计划、决策、实施、检查、评价6个维度进行介绍，指导学生完成6个维度的学习表单。为了提高教学效果，教师可以将这6个维度穿插在课前（资讯、计划、决策）、课中（实施、检查）、课后（评价）3个环节，从而帮助学生系统地完成每一个情境的学习。

本书表单较多，每一个情境都编写了完整的表单，教师可以根据学生的掌握程度来使用这些表单，目的是不断强化学生的学习行为，培养学生良好的学习习惯。例如，如果某个学生在学习情境三的时候掌握了这些学习过程，就可以直接进入实施、检查、评价环节。

本书学习过程流程图如图1所示。

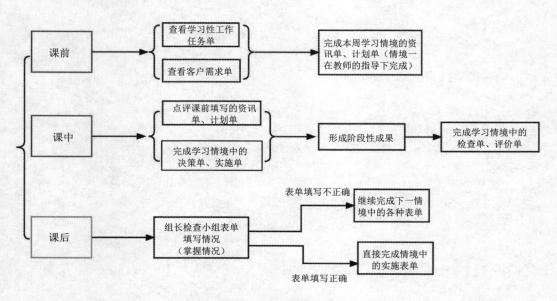

图1　学习过程流程图

目　录

学习情境一　跑车模型车轴的三维造型

客户需求单

客户需求

公司为展示跑车车轴模型的三维效果，委托我校用 UG NX 12.0 对跑车车轴进行三维造型。

（1）根据企业提供的跑车模型车轴图纸，完成三维造型。

（2）请在 1 小时内完成，完成后提交跑车车轴的三维造型电子档（.prt 和.stp 格式）。

客户图纸

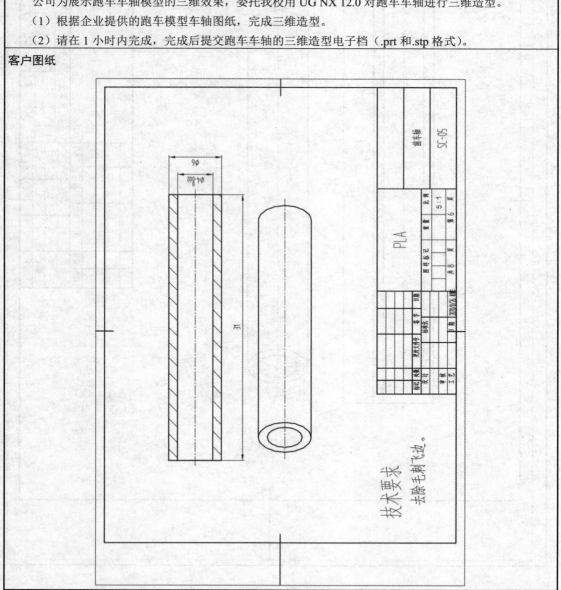

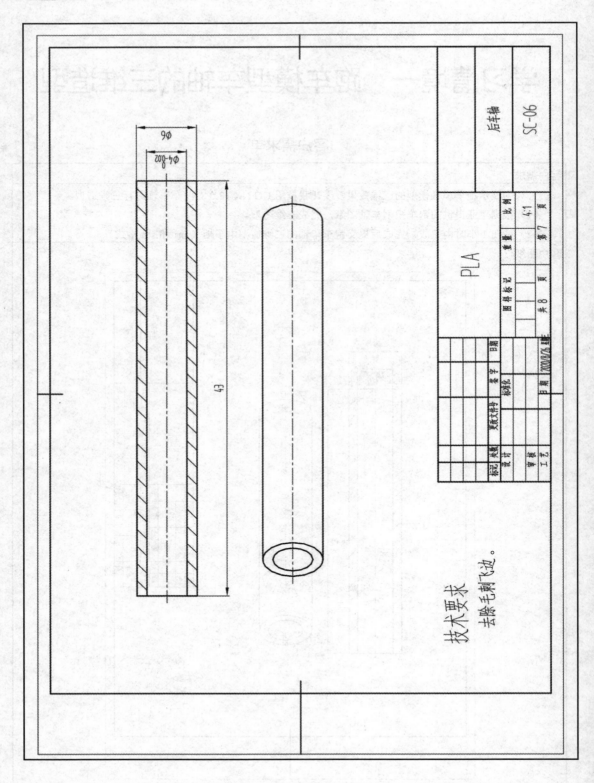

技术要求

去除毛刺飞边。

			PLA		后车轴	
			图样标记	重量	比例	
					4:1	SC-06
标记 处数	更改文件号	签字	日期	第 7 页		
设计	绿松松		日期 2020/8/6	共 8 页		
审核						
工艺						

φ6
φ4_{-0.02}
43

学习性工作任务单

学习情境名称	跑车模型车轴的三维造型	学 时	4 学时
典型工作过程描述	1. 填写图纸检验单—2. 排列绘图步骤—3. 进行三维造型—4. 审订三维模型—5. 交付客户验收		
学习目标	**1. 填写图纸检验单** 　1.1　填写图纸标题栏信息； 　1.2　填写图纸的视图； 　1.3　填写图纸的尺寸； 　1.4　填写图纸的公差； 　1.5　填写图纸的技术要求。 **2. 排列绘图步骤** 　2.1　拆分图纸特征； 　2.2　确定特征草图； 　2.3　排列造型顺序； 　2.4　审订造型顺序。 **3. 进行三维造型** 　3.1　创建模型文件； 　3.2　创建特征草图； 　3.3　选择造型特征； 　3.4　设置特征参数； 　3.5　审订造型特征； 　3.6　保存三维造型。 **4. 审订三维模型** 　4.1　审订模型特征； 　4.2　审订模型尺寸； 　4.3　审订模型效果； 　4.4　审订文件格式。 **5. 交付客户验收** 　5.1　核对客户验收单； 　5.2　归还客户订单原始资料； 　5.3　交付造型图等资料； 　5.4　收回客户验收单； 　5.5　归档订单资料。		
任务描述	（1）填写图纸检验单。第一，通过查看客户需求单让学生从 8 页图纸中找到第 6、7 页的车轴模型图纸。第二，让学生了解跑车车轴图由剖视图、三维效果图组成。第三，从视图中得知前车轴外直径为 $\phi6$、内孔径为 $\phi4$、长度为 31，后车轴外直径为 $\phi6$、内孔径为 $\phi4$、长度为 43。第四，从剖视图中可以看出与车轮装配的公差为 $\phi4_{-0.02}^{0}$。第五，从技术要求中可知需要去除毛刺飞边。		

任务描述	**（2）排列绘图步骤。**第一，从跑车车轴图中确定使用旋转和拉伸特征。第二，从剖视图中确定旋转特征的草图。第三，让学生明白绘图步骤：绘制旋转特征草图—用旋转命令完成车轴的三维造型。 **（3）进行三维造型。**第一，打开 UG NX 软件，从模型中新建文件。第二，创建车轴外形草图。第三，根据上述草图，使用旋转命令完成车轴的构建。第四，让学生明白旋转参数设置：旋转轴、轴的起始点、旋转角度（360°）。第五，查看特征是否正确，确保无误后，保存三维造型。 **（4）审订三维模型。**第一，审订模型的旋转特征。第二，检查尺寸，前车轴外直径为 $\phi6$、内孔径为 $\phi4$、长度为 31，后车轴外直径为 $\phi6$、内孔径为 $\phi4$、长度为 43。第三，检查模型草图隐藏、着色效果和渲染效果。第四，检查文件的格式是否与客户需求单的要求一致。 **（5）交付客户验收。**第一，核对客户验收单是否满足交付条件。第二，归还客户订单原始资料，包括图纸 1 张、模型数据等，保证原始资料的完整。第三，交付满足客户要求的三维造型电子档 1 份、三维造型效果图 1 份等。第四，收回双方约定的验收单，包括原始资料归还的签收单、三维造型图的验收单、客户满意度反馈表等。第五，将客户的订单资料存档，包括客户验收单、三维造型电子档等，注意对客户资料的保密等特定要求。

学时安排	资讯 0.4 学时	计划 0.4 学时	决策 0.4 学时	实施 2 学时	检查 0.4 学时	评价 0.4 学时

对学生的要求	**（1）填写图纸检验单。**第一，学生查看客户订单后，能看懂图纸信息，包括视图、尺寸、公差等。第二，填写检验单时，要具有一丝不苟的精神，对技术要求等认真查看、填写。 **（2）排列绘图步骤。**第一，学生能根据客户订单拆分出旋转和拉伸两个特征。第二，学生能明白绘图步骤：绘制特征草图—用旋转和拉伸命令完成车轴的三维造型。第三，学生要不断优化绘图步骤，提高绘图的效率。 **（3）进行三维造型。**第一，学生能根据客户订单使用旋转和拉伸命令完成车轴的三维造型。第二，学生会熟练设置特征的参数并完成三维造型。第三，学生在绘图过程中养成及时保存图档的习惯。 **（4）审订三维模型。**第一，学生能根据客户订单检查特征是否正确，检查草图尺寸是否正确。第二，学生会检查模型草图隐藏、着色效果和渲染效果。第三，学生会检查文件的格式是否与客户需求单的要求一致。第四，学生应具有耐心、仔细的态度。 **（5）交付客户验收。**第一，仔细核对客户验收单是否满足交付的条件，履行契约精神。第二，学会归还客户订单原始资料，包括图纸 1 张、模型数据等，确保原始资料完好。第三，学会交付满足客户要求的资料，包括三维造型电子档 1 份、三维造型效果图 1 份等，做到细心、准确。第四，学会收回双方约定的验收单，包括原始资料归还的签收单、三维造型图的验收单、客户满意度反馈表等，在交付过程中做到诚实守信。第五，学生需要将客户的订单资料存档，并做好文档归类，以方便查阅。

4

参考资料	（1）客户需求单。 （2）客户提供的模型图纸 SC-05 和 SC-06。 （3）学习通平台上的"机械零部件的三维造型"课程中情境 1 车轴的三维造型教学资源。 （4）《中文版 UG NX 12.0 从入门到精通（实战案例版）》，中国水利水电出版社，2018 年 9 月，212～218 页。						
教学和学习 方式与流程	典型工作环节	教学和学习的方式					
	1. 填写图纸检验单	资讯	计划	决策	实施	检查	评价
	2. 排列绘图步骤	资讯	计划	决策	实施	检查	评价
	3. 进行三维造型	资讯	计划	决策	实施	检查	评价
	4. 审订三维模型	资讯	计划	决策	实施	检查	评价
	5. 交付客户验收	资讯	计划	决策	实施	检查	评价

材料工具清单

学习情境名称	跑车模型车轴的三维造型				学　时	4 学时
典型工作过程 描述	1. 填写图纸检验单—2. 排列绘图步骤—3. 进行三维造型—4. 审订三维模型—5. 交付客户验收					
典型 工作过程	序　号	名　称	作　用	数　量	型　号	使用量	使用者
1. 填写图纸 检验单	1	车轴图纸	参考	2 张		2 张	学生
	2	圆珠笔	填表	1 支		1 支	学生
2. 排列绘图 步骤	3	本子	排列步骤	1 本		1 本	学生
3. 进行三维 造型	4	机房	上课	1 间		1 间	学生
	5	UG NX 12.0	绘图	1 套		1 套	学生
5. 交付客户 验收	6	文件夹	存档	1 个		1 个	学生
班　级		第　　组			组长签字		
教师签字		日　期					

任务一　填写图纸检验单

1. 填写图纸检验单的资讯单

学习情境名称	跑车模型车轴的三维造型	学　时	4 学时
典型工作过程描述	**1. 填写图纸检验单**—2. 排列绘图步骤—3. 进行三维造型—4. 审订三维模型—5. 交付客户验收		
收集资讯的方式	（1）查看客户需求单。 （2）查看客户提供的模型图纸。 （3）查看教师提供的学习性工作任务单。		
资讯描述	（1）公司为了展示跑车车轴模型的三维效果，委托我校用 UG NX 12.0 对跑车车轴进行三维造型。 （2）通过查看客户需求单，让学生从 8 页图纸中找到第 6、7 页（车轴）图纸。 （3）读懂车轴的视图，前车轴外直径____、内孔径 $\phi 4$、长度 31，后车轴外直径____、内孔径 $\phi 4$、长度____。 （4）观察客户提供的跑车模型车轴图，从剖视图中可以看出与车轮装配的公差为____，从技术要求中可以得知____。		
对学生的要求	（1）学会查看客户需求单。 （2）能读懂车轴的视图和尺寸。 （3）会分析尺寸公差以及技术要求等。 （4）填写检验单时要具备一丝不苟的精神。		
参考资料	（1）客户需求单。 （2）客户提供的模型图纸。		

	班　级		第　　组	组长签字	
	教师签字		日　期		
资讯的评价	评语：				

2. 填写图纸检验单的计划单

学习情境名称	跑车模型车轴的三维造型	学　时	4 学时
典型工作过程描述	**1. 填写图纸检验单**—2. 排列绘图步骤—3. 进行三维造型—4. 审订三维模型—5. 交付客户验收		
计划制订的方式	（1）查看客户订单。（2）查看学习性工作任务单。（3）查阅机械制图有关资料。		

序　号	具体工作步骤	注　意　事　项
1	填写图纸标题栏信息	从_____中读取图纸信息，包括零件名、零件编号、图纸第 6、7 页（共 8 页）等。
2	填写图纸的视图	剖视图、三维效果图。
3	填写图纸的尺寸	前车轴外直径 φ6、内孔径_____、长度_____，后车轴外直径 φ6、内孔径_____、长度 43。
4	填写图纸的公差	与车轮装配的公差为_____。
5	填写图纸的技术要求	去除毛刺飞边。

班　级		第　组		组长签字	
教师签字		日　期			
计划的评价	评语：				

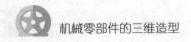

3. 填写图纸检验单的决策单

学习情境名称	跑车模型车轴的三维造型	学　时	4学时
典型工作过程描述	**1.** 填写图纸检验单—2. 排列绘图步骤—3. 进行三维造型—4. 审订三维模型—5. 交付客户验收		

序　号	以下哪项是完成"1.填写图纸检验单"这个典型工作环节的正确步骤?	正确与否 (正确打√,错误打×)
1	1. 填写图纸的视图—2. 填写图纸标题栏信息—3. 填写图纸的尺寸—4. 填写图纸的公差—5. 填写图纸的技术要求	
2	1. 填写图纸标题栏信息—2. 填写图纸的视图—3. 填写图纸的尺寸—4. 填写图纸的公差—5. 填写图纸的技术要求	
3	1. 填写图纸的尺寸—2. 填写图纸的视图—3. 填写图纸标题栏信息—4. 填写图纸的公差—5. 填写图纸的技术要求	
4	1. 填写图纸的尺寸—2. 填写图纸标题栏信息—3. 填写图纸的视图—4. 填写图纸的公差—5. 填写图纸的技术要求	

	班　级		第　　组	组长签字	
	教师签字		日　　期		
决策的评价	评语:				

4. 填写图纸检验单的实施单

学习情境名称	跑车模型车轴的三维造型		学　时	4 学时
典型工作过程描述	**1. 填写图纸检验单**—2. 排列绘图步骤—3. 进行三维造型—4. 审订三维模型—5. 交付客户验收			
序　号	实施的具体步骤	注　意　事　项		自　评
1		从标题栏中读取图纸信息，包括零件名、零件编号、图纸第 6、7 页（共 8 页）等。		
2		剖视图、三维效果图。		
3		前车轴外直径 $\phi6$、内孔径 $\phi4$、长度 31，后车轴外直径 $\phi6$、内孔径 $\phi4$、长度 43。		
4		与车轮装配的公差为 $\phi4_{-0.02}^{0}$。		
5		去除毛刺飞边。		

实施说明：

（1）查看客户需求单后，填写图纸标题栏信息_____页。

（2）查看客户需求单后，填写图纸视图是否表达完整：_____。

（3）通过小组讨论，填写图纸的前车轴尺寸是否完整：_____。如不完整，标出_____。后车轴尺寸是否完整：_____。如不完整，标出_____。

（4）通过小组讨论，填写图纸的装配公差_____。

（5）通过小组讨论，填写图纸的技术要求：_____。

	班　级		第　组	组长签字	
	教师签字		日　期		
实施的评价	评语：				

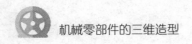

5. 填写图纸检验单的检查单

学习情境名称			跑车模型车轴的三维造型		学　时	4 学时
典型工作过程描述			**1. 填写图纸检验单**—2. 排列绘图步骤—3. 进行三维造型—4. 审订三维模型—5. 交付客户验收			
序　号	检查项目 （具体步骤的检查）		检 查 标 准		小组自查 （检查是否完成以下步骤，完成打√，没完成打×）	小组互查 （检查是否完成以下步骤，完成打√，没完成打×）
1	填写图纸标题栏信息		从标题栏中读取图纸信息，包括零件名、零件编号、图纸第 6、7 页（共 8 页）等。			
2	填写图纸的视图		剖视图、三维效果图。			
3	填写图纸的尺寸		前车轴外直径 $\phi6$、内孔径 $\phi4$、长度 31，后车轴外直径 $\phi6$、内孔径 $\phi4$、长度 43。			
4	填写图纸的公差		与车轮装配的公差为 $\phi4_{-0.02}^{0}$。			
5	填写图纸的技术要求		去除毛刺飞边。			
检查的评价	班　级			第　　组	组长签字	
	教师签字			日　期		
	评语：					

6. 填写图纸检验单的评价单

学习情境名称	跑车模型车轴的三维造型		学　时	4 学时
典型工作过程描述	**1.** 填写图纸检验单—2. 排列绘图步骤—3. 进行三维造型—4. 审订三维模型—5. 交付客户验收			
评 价 项 目	评 分 维 度	组长对每组的评分		教 师 评 价
小组 1 填写图纸检验单的阶段性结果	合理、完整、高效			
小组 2 填写图纸检验单的阶段性结果	合理、完整、高效			
小组 3 填写图纸检验单的阶段性结果	合理、完整、高效			
小组 4 填写图纸检验单的阶段性结果	合理、完整、高效			
评价的评价	班　　级 ⎥ 　　　 ⎥ 第　　组 ⎥ 组长签字 ⎥ 教师签字 ⎥ 　　　 ⎥ 日　　期 ⎥ 　　　 评语:			

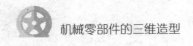

任务二　排列绘图步骤

1. 排列绘图步骤的资讯单

学习情境名称	跑车模型车轴的三维造型	学　时	4 学时
典型工作过程描述	1. 填写图纸检验单—**2. 排列绘图步骤**—3. 进行三维造型—4. 审订三维模型—5. 交付客户验收		
收集资讯的方式	（1）查看客户需求单。 （2）查看教师提供的学习性工作任务单。 （3）查看客户提供的模型图纸 SC-05 和 SC-06。 （4）查看学习通平台上的"机械零部件的三维造型"课程中情境 1 车轴的三维造型教学资源。		
资讯描述	（1）让学生从跑车车轴图中确定使用_____特征。 （2）从跑车车轴图中确定使用旋转特征。 （3）让学生明白绘图步骤：绘制旋转特征_____—用旋转命令完成车轴的_____。		
对学生的要求	（1）学生能根据客户订单中的_____和模型图，读懂车轴的_____，分析出车轴的旋转特征。 （2）学生能理解绘图步骤：绘制旋转特征草图—用旋转命令完成车轴的三维造型。 （3）通过小组讨论不断优化绘图步骤，选择最优方案，提高绘图的效率。		
参考资料	（1）客户需求单。 （2）跑车模型零件图 2 张。 （3）学习通平台上的"机械零部件的三维造型"课程中情境 1 车轴的三维造型教学资源。		
资讯的评价	班　级 / 教师签字 评语：	第　组 / 日　期	组长签字

2. 排列绘图步骤的计划单

学习情境名称	跑车模型车轴的三维造型	学　时	4 学时
典型工作过程 描述	1. 填写图纸检验单—**2. 排列绘图步骤**—3. 进行三维造型—4. 审订三维 模型—5. 交付客户验收		
计划制订的方式	（1）咨询教师。 （2）上网查看类似零件绘图步骤。		

序　　号	具体工作步骤	注 意 事 项
1	拆分图纸特征	确定使用_____或_____特征。
2	确定特征草图	从_____确定车轴旋转或拉伸特征的草图。
3	排列造型顺序	用_____命令绘制出车轴的三维造型。
4	_____造型顺序	绘制旋转特征草图—用旋转命令完成车轴的三维造型。

班　级		第　　组		组长签字	
教师签字		日　期			

评语：

计划的评价

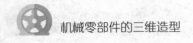 机械零部件的三维造型

3. 排列绘图步骤的决策单

学习情境名称	跑车模型车轴的三维造型	学　时	4 学时
典型工作过程描述	1. 填写图纸检验单—**2. 排列绘图步骤**—3. 进行三维造型—4. 审订三维模型—5. 交付客户验收		

序　号	以下哪项是完成"**2. 排列绘图步骤**"这个典型工作环节的正确具体步骤？	正确与否（正确打√，错误打×）
1	1. 拆分图纸特征—2. 确定特征草图—3. 排列造型顺序—4. 审订造型顺序	
2	1. 确定特征草图—2. 拆分图纸特征—3. 排列造型顺序—4. 审订造型顺序	
3	1. 确定特征草图—2. 审订造型顺序—3. 排列造型顺序—4. 拆分图纸特征	
4	1. 审订造型顺序—2. 拆分图纸特征—3. 排列造型顺序—4. 确定特征草图	

班　级		第　组	组长签字	
教师签字		日　期		

决策的评价

评语：

14

4. 排列绘图步骤的实施单

学习情境名称	跑车模型车轴的三维造型		学　　时	4 学时
典型工作过程 描述	1. 填写图纸检验单—**2. 排列绘图步骤**—3. 进行三维造型—4. 审订三维模型— 5. 交付客户验收			
序　号	实施的具体步骤	注　意　事　项		自　评
1		确定旋转特征。		
2		从剖视图中确定车轴旋转特征的草图。		
3		用旋转命令绘制出车轴的三维造型。		
4		绘制车轴特征草图—用旋转命令完成车轴的三维 造型。		

实施说明：

（1）分析车轴的剖视图，确定使用旋转特征。

（2）画出特征草图：从剖视图中确定车轴旋转特征的草图。

（3）按照先整体后局部的顺序，先画出车轴外形的三维造型，再画键槽等特征的三维造型。

（4）审订造型顺序：绘制车轴特征草图—用旋转命令完成车轴的三维造型。

	班　级		第　　组	组长签字	
	教师签字		日　期		
实施的评价	评语：				

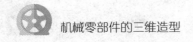

5. 排列绘图步骤的检查单

学习情境名称	跑车模型车轴的三维造型		学　时	4 学时
典型工作过程描述	1. 填写图纸检验单—**2. 排列绘图步骤**—3. 进行三维造型—4. 审订三维模型—5. 交付客户验收			
序　号	检查项目（具体步骤的检查）	检 查 标 准	小组自查（检查是否完成以下步骤，完成打√，没完成打×）	小组互查（检查是否完成以下步骤，完成打√，没完成打×）
1	拆分图纸特征	确定旋转特征。		
2	确定特征草图	通过剖视图确定车轴旋转特征的草图。		
3	排列造型顺序	用旋转命令绘制出车轴的三维造型。		
4	审订造型顺序	绘制车轴特征的草图—用旋转命令完成车轴的三维造型。		

检查的评价	班　级		第　　组	组长签字	
	教师签字		日　　期		
	评语：				

6. 排列绘图步骤的评价单

学习情境名称	跑车模型车轴的三维造型		学　　时	4 学时
典型工作过程描述	1. 填写图纸检验单—**2. 排列绘图步骤**—3. 进行三维造型—4. 审订三维模型—5. 交付客户验收			
评 价 项 目	评 分 维 度	组长对每组的评分		教 师 评 价
小组 1 排列绘图步骤的阶段性结果	合理、完整、高效			
小组 2 排列绘图步骤的阶段性结果	合理、完整、高效			
小组 3 排列绘图步骤的阶段性结果	合理、完整、高效			
小组 4 排列绘图步骤的阶段性结果	合理、完整、高效			

	班　　级		第　　组	组长签字	
评价的评价	教师签字		日　　期		
	评语:				

任务三　进行三维造型

1. 进行三维造型的资讯单

学习情境名称	跑车模型车轴的三维造型		学　　时	4 学时
典型工作过程描述	1. 填写图纸检验单—2. 排列绘图步骤—3. 进行三维造型—4. 审订三维模型—5. 交付客户验收			
收集资讯的方式	（1）查看客户需求单。 （2）查看教师提供的学习性工作任务单。 （3）查看客户提供的模型图纸。 （4）查看学习通平台上的"机械零部件的三维造型"课程中情境 1 车轴的三维造型教学资源中的拉伸、旋转等微课。			
资讯描述	（1）让学生查看客户需求单，明确车轴三维造型的要求。 （2）在 UG NX 软件中新建模型文件，选择软件中使用的模型模块。 （3）根据车轴的零件图绘制出_____的特征草图。 （4）学习_____特征的微课，完成车轴的_____。 （5）检查车轴的三维特征是否正确，如果不正确，可以_____特征。			
对学生的要求	（1）学生能根据客户订单使用旋转和拉伸命令完成车轴的三维造型。 （2）学生会熟练设置特征的参数并完成三维造型。 （3）学生在绘图过程中养成及时_____图档的习惯，以防止图档丢失。			
参考资料	（1）教师提供的学习性工作任务单。 （2）学习通平台上的"机械零部件的三维造型"课程中情境 1 车轴的三维造型教学资源中的拉伸、旋转等微课。 （3）《中文版 UG NX 12.0 从入门到精通（实战案例版）》，中国水利水电出版社，2018 年 9 月，212～218 页。			
资讯的评价	班　　级		第　　组	组长签字	
	教师签字		日　　期		
	评语：				

2. 进行三维造型的计划单

学习情境名称	跑车模型车轴的三维造型	学　时	4 学时
典型工作过程描述	1. 填写图纸检验单—2. 排列绘图步骤—**3. 进行三维造型**—4. 审订三维模型—5. 交付客户验收		
计划制订的方式	（1）查看教师提供的教学资料。 （2）通过资料自行试操作。		

序　号	具体工作步骤	注 意 事 项
1	创建模型文件	将文件_____到对应的文件夹下面。
2	_____特征草图	车轮特征草图。
3	选择造型特征	用旋转命令完成车轮外形的三维造型。
4	设置特征_____	旋转轴、轴的_____，旋转角度为_____。
5	审订造型特征	查看客户需求单和客户提供的模型图纸。
6	保存三维造型	文件保存的位置、格式。

	班　级		第　　组	组长签字	
	教师签字		日　期		
	评语：				

计划的评价

机械零部件的三维造型

3. 进行三维造型的决策单

学习情境名称	跑车模型车轴的三维造型	学 时	4 学时
典型工作过程描述	1. 填写图纸检验单—2. 排列绘图步骤—**3. 进行三维造型**—4. 审订三维模型—5. 交付客户验收		
序 号	以下哪项是完成"**3. 进行三维造型**"这个典型工作环节的正确步骤?	正确与否（正确打√，错误打×）	
1	1. 创建模型文件—2. 创建特征草图—3. 选择造型特征—4. 设置特征参数—5. 审订造型特征—6. 保存三维造型		
2	1. 选择造型特征—2. 创建特征草图—3. 创建模型文件—4. 设置特征参数—5. 审订造型特征—6. 保存三维造型		
3	1. 创建特征草图—2. 创建模型文件—3. 选择造型特征—4. 设置特征参数—5. 审订造型特征—6. 保存三维造型		
4	1. 审订造型特征—2. 创建特征草图—3. 选择造型特征—4. 设置特征参数—5. 创建模型文件—6. 保存三维造型		

	班 级		第 组	组长签字	
	教师签字		日 期		
决策的评价	评语：				

20

4. 进行三维造型的实施单

学习情境名称	跑车模型车轴的三维造型		学 时	4 学时
典型工作过程描述	1. 填写图纸检验单—2. 排列绘图步骤—3. 进行三维造型—4. 审订三维模型—5. 交付客户验收			
序 号	实施的具体步骤	注 意 事 项		自 评
1		将文件保存到对应的文件夹下面。		
2		车轴特征草图。		
3		用旋转命令完成车轴的三维造型。		
4		旋转轴、轴的起始点,旋转角度为360°。		
5		查看客户需求单和客户提供的模型图纸。		
6		文件保存的位置、格式。		

实施说明:

(1)创建模型文件时,注意文件的命名。

(2)创建特征草图时,注意尺寸标注位置与模型图纸一致,方便检查。

(3)创建车轴的三维造型时,注意尺寸要求。

(4)设置特征参数时,要明白参数所表达的意思。

(5)审订造型特征时,一定要认真阅读客户需求单和客户提供的模型图纸。

(6)保存三维造型时,注意查看保存的位置。

	班 级		第 组	组长签字	
	教师签字		日 期		
实施的评价	评语:				

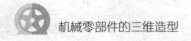

5. 进行三维造型的检查单

学习情境名称	跑车模型车轴的三维造型		学　　时	4 学时
典型工作过程 描述	1. 填写图纸检验单—2. 排列绘图步骤—**3. 进行三维造型**—4. 审订三维 模型—5. 交付客户验收			
序　　号	检查项目 （具体步骤的检查）	检 查 标 准	小组自查 （检查是否完成以 下步骤，完成打√， 没完成打×）	小组互查 （检查是否完成以 下步骤，完成打√， 没完成打×）
1	创建模型文件	将文件保存到跑车模型文 件夹下面。		
2	创建特征草图	绘制车轴外形草图。		
3	选择造型特征	车轴外形造型特征的选择。		
4	设置特征参数	旋转轴、轴的起始点，旋 转角度为360°。		
5	审订造型特征	车轴外形。		
6	保存三维造型	文件保存的位置、格式。		

	班　　级		第　　组	组长签字	
	教师签字		日　　期		
检查的评价	评语：				

6. 进行三维造型的评价单

学习情境名称	跑车模型车轴的三维造型		学　　时	4 学时
典型工作过程 描述	1. 填写图纸检验单—2. 排列绘图步骤—**3. 进行三维造型**—4. 审订三维模型—5. 交付客户验收			
评 价 项 目	评 分 维 度	组长对每组的评分		教 师 评 价
小组 1 进行三维造型的阶段性结果	美观、时效、完整			
小组 2 进行三维造型的阶段性结果	美观、时效、完整			
小组 3 进行三维造型的阶段性结果	美观、时效、完整			
小组 4 进行三维造型的阶段性结果	美观、时效、完整			

	班　　级			第　　组	组长签字	
评价的评价	教师签字			日　　期		
	评语:					

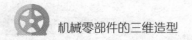

任务四　审订三维模型

1. 审订三维模型的资讯单

学习情境名称	跑车模型车轴的三维造型		学　　时	4 学时
典型工作过程描述	1. 填写图纸检验单—2. 排列绘图步骤—3. 进行三维造型—**4. 审订三维模型**—5. 交付客户验收			
收集资讯的方式	(1) 观察教师现场示范。 (2) 查看客户需求单的模型图纸。 (3) 查看教师提供的学习性工作任务单。			
资讯描述	(1) 观察教师示范，学会如何检查＿＿＿＿及参数设置。 (2) 通过客户需求单的车轴模型图纸，检查前车轴外直径 $\phi6$、内孔径＿＿＿＿、长度＿＿＿＿，后车轴外直径 $\phi6$、内孔径 $\phi4$、长度 43；检查模型草图隐藏、着色效果和渲染效果；检查文件的格式是否与客户需求单的要求一致。 (3) 通过客户需求单的车轴模型图纸，检查＿＿＿＿特征。			
对学生的要求	(1) 学生能根据客户需求单的模型图纸检查特征是否正确。 (2) 学生能根据客户需求单的模型图纸检查草图尺寸是否正确。 (3) 学生能检查模型草图隐藏、着色效果和渲染效果。 (4) 学生能检查文件的格式是否与客户＿＿＿＿一致。 (5) 学生具有耐心、仔细的态度。			
参考资料	(1) 客户需求单。 (2) 客户提供的车轴模型图纸。 (3) 学习性工作任务单。			
资讯的评价	班　　级		第　　组	组长签字	
	教师签字		日　　期		
	评语：				

2. 审订三维模型的计划单

学习情境名称	跑车模型车轴的三维造型	学　　时	4 学时
典型工作过程描述	1. 填写图纸检验单—2. 排列绘图步骤—3. 进行三维造型—**4. 审订三维模型**—5. 交付客户验收		
计划制订的方式	（1）查看客户需求单。 （2）查看学习性工作任务单。		

序　　号	具体工作步骤	注 意 事 项
1	审订模型特征	注意_____的选择。
2	审订模型_____	前车轴外直径_____、内孔径 $\phi4$、长度 31，后车轴外直径 $\phi6$、内孔径 $\phi4$、长度_____。
3	审订模型效果	检查模型草图隐藏、着色效果和渲染效果。
4	审订文件格式	是否与客户需求单的要求_____。

	班　　级		第　　组	组长签字	
计划的评价	教师签字		日　　期		
	评语：				

3. 审订三维模型的决策单

学习情境名称	跑车模型车轴的三维造型		学　　时	4 学时
典型工作过程描述	1. 填写图纸检验单—2. 排列绘图步骤—3. 进行三维造型—**4. 审订三维模型**—5. 交付客户验收			

序　　号	以下哪项是完成"4. 审订三维模型"这个典型工作环节的正确步骤？	正确与否 （正确打√，错误打×）
1	1. 审订模型尺寸—2. 审订模型特征—3. 审订模型效果—4. 审订文件格式	
2	1. 审订模型特征—2. 审订模型尺寸—3. 审订模型效果—4. 审订文件格式	
3	1. 审订模型效果—2. 审订模型尺寸—3. 审订模型特征—4. 审订文件格式	
4	1. 审订模型特征—2. 审订文件格式—3. 审订模型效果—4. 审订模型尺寸	

	班　　级		第　　组	组长签字	
	教师签字		日　　期		
决策的评价	评语：				

4. 审订三维模型的实施单

学习情境名称	跑车模型车轴的三维造型		学　时	4 学时
典型工作过程描述	1. 填写图纸检验单—2. 排列绘图步骤—3. 进行三维造型—**4. 审订三维模型**—5. 交付客户验收			
序　号	实施的具体步骤	注 意 事 项		自　评
1		注意旋转轴的选择。		
2		前车轴外直径 $\phi 6$、内孔径 $\phi 4$、长度 31，后车轴外直径 $\phi 6$、内孔径 $\phi 4$、长度 43。		
3		检查模型草图隐藏、着色效果和渲染效果。		
4		是否按客户需求单的要求_____。		

实施说明：

（1）检查特征时，注意检查旋转的参数设置。

（2）检查模型尺寸时，注意草图尺寸与模型图纸，要准确无误。

（3）检查模型效果时，要完成模型草图隐藏、着色效果和渲染效果。

（4）检查文件格式时，要注意查看客户需求单，另存为.stp 格式。

	班　级		第　组	组长签字	
	教师签字		日　期		
实施的评价	评语：				

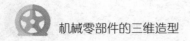 机械零部件的三维造型

5. 审订三维模型的检查单

学习情境名称	跑车模型车轴的三维造型	学 时	4 学时
典型工作过程描述	1. 填写图纸检验单—2. 排列绘图步骤—3. 进行三维造型—**4. 审订三维模型**—5. 交付客户验收		

序 号	检查项目 （具体步骤的检查）	检 查 标 准	小组自查 （检查是否完成以下步骤，完成打√，没完成打×）	小组互查 （检查是否完成以下步骤，完成打√，没完成打×）
1	审订模型特征	检查旋转轴。		
2	审订模型尺寸	前车轴外直径 $\phi6$、内孔径 $\phi4$、长度 31，后车轴外直径 $\phi6$、内孔径 $\phi4$、长度 43。		
3	审订模型效果	检查模型草图隐藏、着色效果和渲染效果。		
4	审订文件格式	软件原始格式、.stp 格式。		

	班 级		第 组	组长签字	
	教师签字		日 期		

检查的评价

评语：

6. 审订三维模型的评价单

学习情境名称	跑车模型车轴的三维造型		学　时	4 学时
典型工作过程描述	1. 填写图纸检验单—2. 排列绘图步骤—3. 进行三维造型—**4. 审订三维模型**—5. 交付客户验收			
评价项目	评分维度	组长对每组的评分		教师评价
小组 1 审订三维模型的阶段性结果	速度、严谨、正确性			
小组 2 审订三维模型的阶段性结果	速度、严谨、正确性			
小组 3 审订三维模型的阶段性结果	速度、严谨、正确性			
小组 4 审订三维模型的阶段性结果	速度、严谨、正确性			

	班　级		第　　组	组长签字	
	教师签字		日　期		
评价的评价	评语：				

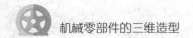

任务五　交付客户验收

1. 交付客户验收的资讯单

学习情境名称	跑车模型车轴的三维造型	学　时	4 学时
典型工作过程描述	1. 填写图纸检验单—2. 排列绘图步骤—3. 进行三维造型—4. 审订三维模型—**5. 交付客户验收**		
收集资讯的方式	（1）查看客户需求单。 （2）客户订单资料的存档归类演示。 （3）查看教师提供的学习性工作任务单。		
资讯描述	（1）查看客户需求单，明确客户的要求。 （2）查看_____收集案例，明确验收单收集的内容。 （3）明确满足客户_____的资料内容。 （4）查询资料，明确客户订单资料的存档方法。		
对学生的要求	（1）仔细核对客户验收单是否满足交付的条件，履行契约精神。 （2）学会归还客户订单原始资料，包括图纸_____张、模型数据等，确保原始资料完好。 （3）学会交付满足客户要求的资料，包括三维造型电子档_____份、三维造型效果图 1 份等，做到细心、准确。 （4）学会收回双方约定的验收单，包括原始资料_____的签收单、三维造型图的验收单、客户满意度反馈表等，在交付过程中做到诚实守信。 （5）学会将客户的订单资料存档，并做好文档归类，以方便查阅。		
参考资料	（1）客户需求单。 （2）客户提供的模型图纸。 （3）学习性工作任务单。		

班　级		第　　组	组长签字	
教师签字		日　　期		
资讯的评价	评语：			

2. 交付客户验收的计划单

学习情境名称	跑车模型车轴的三维造型	学　　时	4 学时
典型工作过程描述	1. 填写图纸检验单—2. 排列绘图步骤—3. 进行三维造型—4. 审订三维模型—5. 交付客户验收		
计划制订的方式	（1）查看客户验收单。 （2）查看教师提供的学习资料。		
序　号	具体工作步骤	注　意　事　项	
1	核对客户_____	查看客户验收单，确定是否可以交付。	
2	_____客户订单原始资料	图纸 1 张、模型数据。	
3	交付造型图等资料	三维造型电子档_____份、三维造型效果图 1 份。	
4	收回客户_____	原始资料归还的签收单、三维造型图的验收单、满意度反馈表。	
5	归档订单资料	客户验收单、三维造型电子档存档规范。	
计划的评价	班　级 / 教师签字	第　组 / 日　期	组长签字 /
	评语：		

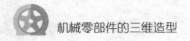

3. 交付客户验收的决策单

学习情境名称	跑车模型车轴的三维造型		学 时	4 学时
典型工作过程描述	1. 填写图纸检验单—2. 排列绘图步骤—3. 进行三维造型—4. 审订三维模型—**5. 交付客户验收**			
序 号	以下哪项是完成"5. 交付客户验收"这个典型工作环节的正确步骤？			正确与否 （正确打√，错误打×）
1	1. 收回客户验收单—2. 归还客户订单原始资料—3. 交付造型图等资料—4. 核对客户验收单—5. 归档订单资料			
2	1. 交付造型图等资料—2. 归还客户订单原始资料—3. 核对客户验收单—4. 收回客户验收单—5. 归档订单资料			
3	1. 核对客户验收单—2. 归还客户订单原始资料—3. 交付造型图等资料—4. 收回客户验收单—5. 归档订单资料			
4	1. 归档订单资料—2. 归还客户订单原始资料—3. 交付造型图等资料—4. 收回客户验收单—5. 核对客户验收单			

	班 级		第 组	组长签字	
	教师签字		日 期		
决策的评价	评语：				

4. 交付客户验收的实施单

学习情境名称	跑车模型车轴的三维造型		学　时	4 学时
典型工作过程描述	1. 填写图纸检验单—2. 排列绘图步骤—3. 进行三维造型—4. 审订三维模型—5. 交付客户验收			
序　号	实施的具体步骤	注 意 事 项		自　评
1		查看客户验收单，确定是否可以交付。		
2		图纸 1 张、模型数据。		
3		三维造型电子档 1 份、三维造型效果图 1 份。		
4		原始资料归还的签收单、三维造型图的验收单、客户满意度反馈表。		
5		客户验收单、三维造型电子档存档规范。		

实施说明：

（1）学生要认真、仔细地核对客户验收单，保证交付正确。

（2）学生要归还客户提供的所有原始资料，可以跟签收单对照。

（3）学生要交付三维造型、纸质资料等。

（4）学生要明确收回哪些单据。

（5）学生在归档订单资料时，资料整理一定要规范，以方便查找。

	班　级		第　　组	组长签字	
	教师签字		日　期		
实施的评价	评语：				

5. 交付客户验收的检查单

学习情境名称	跑车模型车轴的三维造型		学　时	4 学时
典型工作过程描述	1. 填写图纸检验单—2. 排列绘图步骤—3. 进行三维造型—4. 审订三维模型—**5. 交付客户验收**			
序　号	检查项目 （具体步骤的检查）	检查标准	小组自查 （检查是否完成以下步骤，完成打√，没完成打×）	小组互查 （检查是否完成以下步骤，完成打√，没完成打×）
1	核对客户验收单	客户验收单满足交付条件。		
2	归还客户订单原始资料	图纸 1 张、模型数据。		
3	交付造型图等资料	三维造型电子档 1 份、三维造型效果图 1 份。		
4	收回客户验收单	原始资料归还的签收单、三维造型图的验收单、客户满意度反馈表。		
5	归档订单资料	客户验收单、三维造型电子档存档规范。		

检查的评价	班　级		第　　组	组长签字	
	教师签字		日　　期		
	评语：				

6. 交付客户验收的评价单

学习情境名称	跑车模型车轴的三维造型		学　　时	4 学时
典型工作过程描述	1. 填写图纸检验单—2. 排列绘图步骤—3. 进行三维造型—4. 审订三维模型—**5. 交付客户验收**			
评 价 项 目	评 分 维 度	组长对每组的评分		教 师 评 价
小组 1 交付客户验收的阶段性结果	诚信、完整、时效			
小组 2 交付客户验收的阶段性结果	诚信、完整、时效			
小组 3 交付客户验收的阶段性结果	诚信、完整、时效			
小组 4 交付客户验收的阶段性结果	诚信、完整、时效			
评价的评价	班　　级		第　　组	组长签字
	教师签字		日　　期	
	评语:			

学习情境二　跑车模型车轮的三维造型

客户需求单

客户需求

公司为展示跑车车轮模型的三维效果，委托我校用 UG NX 12.0 对跑车车轮进行三维造型。

（1）根据企业提供的跑车模型车轮图纸，完成三维造型。

（2）请在 1.5 小时内完成，完成后提交跑车车轮的三维造型电子档（.prt 和 .stp 格式）。

客户图纸

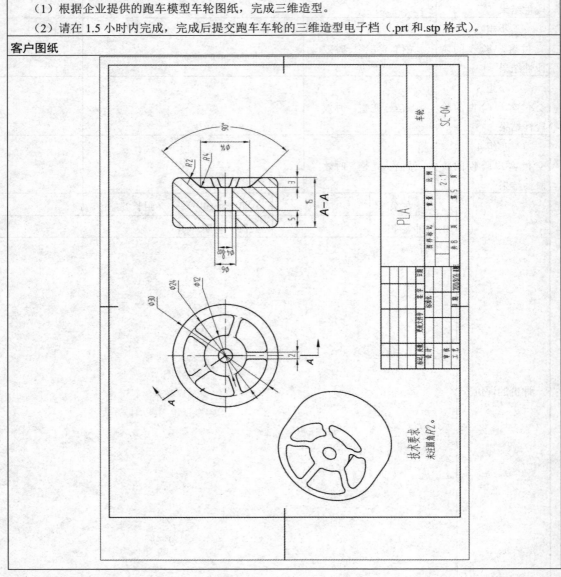

学习性工作任务单

学习情境名称	跑车模型车轮的三维造型	学　时	4 学时
典型工作过程描述	1. 填写图纸检验单—2. 排列绘图步骤—3. 进行三维造型—4. 审订三维模型—5. 交付客户验收		
学习目标	**1. 填写图纸检验单** 　1.1　填写图纸标题栏信息； 　1.2　填写图纸的视图； 　1.3　填写图纸的尺寸； 　1.4　填写图纸的公差； 　1.5　填写图纸的技术要求。 **2. 排列绘图步骤** 　2.1　拆分图纸特征； 　2.2　确定特征草图； 　2.3　排列造型顺序； 　2.4　审订造型顺序。 **3. 进行三维造型** 　3.1　创建模型文件； 　3.2　创建特征草图； 　3.3　选择造型特征； 　3.4　设置特征参数； 　3.5　审订造型特征； 　3.6　保存三维造型。 **4. 审订三维模型** 　4.1　审订模型特征； 　4.2　审订模型尺寸； 　4.3　审订模型效果； 　4.4　审订文件格式。 **5. 交付客户验收** 　5.1　核对客户验收单； 　5.2　归还客户订单原始资料； 　5.3　交付造型图等资料； 　5.4　收回客户验收单； 　5.5　归档订单资料。		
任务描述	**（1）填写图纸检验单。** 第一，通过查看客户需求单，让学生从 8 页图纸中找到第 5 页的车轮模型图纸。第二，让学生了解跑车车轮由主视图、剖视图、三维效果图组成。第三，从视图中得知车轮外形尺寸数据：$\phi 30$、$\phi 6$、$\phi 4$、$\phi 14$、15、5、3、90°、$R4$、$R2$；车轮轮毂尺寸数据：$\phi 24$、$\phi 12$、2。第四，从剖视图中可以看出与车轴装配的公差为 $\phi 4_{-0.02}^{\ 0}$。第五，从技术要求中可知未注圆角 $R2$。		

任务描述	**（2）排列绘图步骤。**第一，从跑车车轮图中拆分出旋转和拉伸两个特征。第二，从剖视图中确定旋转特征的草图，通过主视图确定轮毂拉伸特征。第三，让学生明白绘图步骤：绘制车轮特征草图—用旋转命令完成车轮外形的三维造型—绘制轮毂特征草图—用拉伸命令完成轮毂的三维造型。 **（3）进行三维造型。**第一，打开 UG NX 软件，从模型中新建文件。第二，创建车轮外形草图和车轮轮毂草图。第三，根据上述两个草图，分别使用旋转和拉伸命令完成车轮的构建。第四，让学生明白旋转参数设置：旋转轴、轴的起始点、旋转角度（360°）；拉伸参数设置：拉伸深度大于 15。第五，查看特征是否正确，确保无误后，保存三维造型。 **（4）审订三维模型。**第一，检查模型的旋转特征和拉伸特征。第二，检查车轮外形尺寸数据：$\phi30$、$\phi6$、$\phi4$、$\phi14$、15、5、3、90°、$R4$、$R2$；车轮轮毂尺寸数据：$\phi24$、$\phi12$、2。第三，检查模型草图隐藏、着色效果和渲染效果。第四，检查文件的格式是否与客户需求单的要求一致。 **（5）交付客户验收。**第一，核对客户验收单是否满足交付条件。第二，归还客户订单原始资料，包括图纸 1 张、模型数据等，保证原始资料的完整。第三，交付满足客户要求的三维造型电子档 1 份、三维造型效果图 1 份等。第四，收回双方约定的验收单，包括原始资料归还的签收单、三维造型图的验收单、客户满意度反馈表等。第五，将客户的订单资料存档，包括客户验收单、三维造型电子档等，注意对客户资料的保密等特定要求。

学时安排	资讯 0.4 学时	计划 0.4 学时	决策 0.4 学时	实施 2 学时	检查 0.4 学时	评价 0.4 学时

对学生的要求	**（1）填写图纸检验单。**第一，学生查看客户订单后，能看懂图纸信息，包括视图、尺寸、公差等。第二，填写检验单时，要具有一丝不苟的精神，对技术要求等认真查看、填写。 **（2）排列绘图步骤。**第一，学生能根据客户订单拆分出旋转和拉伸两个特征。第二，学生能明白绘图步骤：绘制车轮特征草图—用旋转命令完成车轮外形的三维造型—绘制轮毂特征草图—用拉伸命令完成轮毂的三维造型。第三，学生要不断优化绘图步骤，提高绘图的效率。 **（3）进行三维造型。**第一，学生能根据客户订单使用旋转、拉伸和阵列命令完成任务。第二，学生会熟练设置特征的参数并完成三维造型。第三，学生在绘图过程中养成及时保存图档的习惯。 **（4）审订三维模型。**第一，学生能根据客户订单检查特征是否正确，检查草图尺寸是否正确。第二，学生会检查模型草图隐藏、着色效果和渲染效果。第三，学生会检查文件的格式是否与客户需求单的要求一致。第四，学生应具有耐心、仔细的态度。 **（5）交付客户验收。**第一，仔细核对客户验收单是否满足交付的条件，履行契约精神。第二，学会归还客户订单原始资料，包括图纸 1 张、模型数据等，确保原始资料完好。第三，学会交付满足客户要求的资料，包括三维造型电子档 1 份、三维造型效果图 1 份等，做到细心、准确。第四，学会收回双方约定的验收单，包括原始资料归还的签收单、三维造型图的验收单、客户满意度反馈表等，在交付过程中做到诚实守信。第五，学生需要将客户的订单资料存档，并做好文档归类，以方便查阅。

参考资料	(1) 客户需求单。 (2) 客户提供的模型图纸 SC-04。 (3) 学习通平台上的"机械零部件的三维造型"课程中情境 2 车轮的三维造型教学资源。 (4)《中文版 UG NX 12.0 从入门到精通（实战案例版）》，中国水利水电出版社，2018 年 9 月，212～218 页。						
教学和学习 方式与流程	**典型工作环节**	**教学和学习的方式**					
	1. 填写图纸检验单	资讯	计划	决策	实施	检查	评价
	2. 排列绘图步骤	资讯	计划	决策	实施	检查	评价
	3. 进行三维造型	资讯	计划	决策	实施	检查	评价
	4. 审订三维模型	资讯	计划	决策	实施	检查	评价
	5. 交付客户验收	资讯	计划	决策	实施	检查	评价

材料工具清单

学习情境名称	跑车模型车轮的三维造型				学　时	4 学时	
典型工作过程 描述	1. 填写图纸检验单—2. 排列绘图步骤—3. 进行三维造型—4. 审订三维模型—5. 交付客户验收						
典型 工作过程	**序　号**	**名　称**	**作　用**	**数　量**	**型　号**	**使用量**	**使用者**
1. 填写图纸 检验单	1	车轮图纸	参考	1 张		1 张	学生
	2	圆珠笔	填表	1 支		1 支	学生
2. 排列绘图 步骤	3	本子	排列步骤	1 本		1 本	学生
3. 进行三维 造型	4	机房	上课	1 间		1 间	学生
	5	UG NX 12.0	绘图	1 套		1 套	学生
5. 交付客户 验收	6	文件夹	存档	1 个		1 个	学生
班　级		第　组			组长签字		
教师签字		日　期					

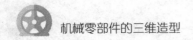

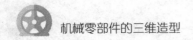

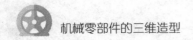

机械零部件的三维造型

任务一 填写图纸检验单

1. 填写图纸检验单的资讯单

学习情境名称	跑车模型车轮的三维造型	学　时	4 学时
典型工作过程描述	**1.** 填写图纸检验单—2. 排列绘图步骤—3. 进行三维造型—4. 审订三维模型—5. 交付客户验收		
收集资讯的方式	（1）查看客户需求单。 （2）查看客户提供的模型图纸。 （3）查看教师提供的学习性工作任务单。		
资讯描述	（1）公司为了展示跑车车轮模型的三维效果，委托我校用 UG NX 12.0 对跑车车轮进行三维造型。 （2）通过查看客户需求单，让学生从 8 页图纸中找到第 5 页（车轮）图纸。 （3）读懂车轮的视图，从视图中得知车轮外形尺寸数据：_____、$\phi 6$、$\phi 4$、$\phi 14$、15、5、3、90°、$R4$、$R2$；车轮轮毂尺寸数据：$\phi 24$、$\phi 12$、2。 （4）观察客户提供的跑车模型车轮图，从视图中可以看出与车轴装配的公差为_____，从技术要求中可以得知未注圆角_____。		
对学生的要求	（1）学会查看客户需求单。 （2）能读懂_____的视图和尺寸。 （3）会分析尺寸公差以及_____等。 （4）填写检验单时要具备一丝不苟的精神。		
参考资料	（1）客户需求单。 （2）客户提供的模型图纸。		
	班　级		第　组	组长签字	
	教师签字		日　期		
资讯的评价	评语：				

40

2. 填写图纸检验单的计划单

学习情境名称	跑车模型车轮的三维造型		学　　时	4 学时
典型工作过程描述	**1. 填写图纸检验单**—2. 排列绘图步骤—3. 进行三维造型—4. 审订三维模型—5. 交付客户验收			
计划制订的方式	（1）查看客户订单。 （2）查看学习性工作任务单。 （3）查阅机械制图有关资料。			
序　　号	具体工作步骤		注 意 事 项	
1	填写图纸标题栏信息		从_____中读取图纸信息，包括零件名、零件编号、图纸第 5 页（共 8 页）等。	
2	填写图纸的视图		主视图、_____、三维效果图。	
3	填写图纸的尺寸		车轮外形尺寸数据：$\phi30$、$\phi6$、$\phi4$、_____、15、5、3、90°、$R4$、$R2$；车轮轮毂尺寸数据：$\phi24$、_____、2。	
4	填写图纸的公差		与车轴装配的公差为 $\phi4^{0}_{-0.02}$。	
5	填写图纸的_____		未注圆角 $R2$。	
计划的评价	班　　级		第　　组	组长签字
	教师签字		日　　期	
	评语：			

3. 填写图纸检验单的决策单

学习情境名称	跑车模型车轮的三维造型		学　时	4 学时
典型工作过程描述	**1. 填写图纸检验单**—2. 排列绘图步骤—3. 进行三维造型—4. 审订三维模型—5. 交付客户验收			
序　号	以下哪项是完成"1.填写图纸检验单"这个典型工作环节的正确步骤？			正确与否（正确打√，错误打×）
1	1. 填写图纸的视图—2. 填写图纸标题栏信息—3. 填写图纸的尺寸—4. 填写图纸的公差—5. 填写图纸的技术要求			
2	1. 填写图纸标题栏信息—2. 填写图纸的视图—3. 填写图纸的尺寸—4. 填写图纸的公差—5. 填写图纸的技术要求			
3	1. 填写图纸的尺寸—2. 填写图纸的视图—3. 填写图纸标题栏信息—4. 填写图纸的公差—5. 填写图纸的技术要求			
4	1. 填写图纸的尺寸—2. 填写图纸标题栏信息—3. 填写图纸的视图—4. 填写图纸的公差—5. 填写图纸的技术要求			
决策的评价	班　级		第　　组	组长签字
	教师签字		日　期	
	评语：			

4. 填写图纸检验单的实施单

学习情境名称	跑车模型车轮的三维造型		学　　时	4 学时
典型工作过程描述	**1. 填写图纸检验单**—2. 排列绘图步骤—3. 进行三维造型—4. 审订三维模型—5. 交付客户验收			
序　号	实施的具体步骤	注　意　事　项		自　评
1		从标题栏中读取图纸信息，包括零件名、零件编号、图纸第 5 页（共 8 页）等。		
2		主视图、剖视图、三维效果图。		
3		车轮外形尺寸数据：$\phi 30$、$\phi 6$、$\phi 4$、$\phi 14$、15、5、3、$90°$、$R4$、$R2$；车轮轮毂尺寸数据：$\phi 24$、$\phi 12$、2。		
4		与车轴装配的公差为 $\phi 4^{\ 0}_{-0.02}$。		
5		未注圆角 $R2$。		

实施说明：

（1）查看客户需求单后，填写图纸_____页。

（2）查看客户需求单后，填写图纸是否表达完整：_____。

（3）通过小组讨论，填写图纸车轮尺寸是否完整：_____。如不完整，标出_____。

（4）通过小组讨论，填写图纸的装配公差：_____。

（5）通过小组讨论，填写图纸的技术要求：_____。

班　　级		第　　组	组长签字	
教师签字		日　　期		

实施的评价

评语：

5. 填写图纸检验单的检查单

学习情境名称	跑车模型车轮的三维造型		学　　时	4 学时
典型工作过程描述	**1. 填写图纸检验单—2. 排列绘图步骤—3. 进行三维造型—4. 审订三维模型—5. 交付客户验收**			
序　号	检查项目 （具体步骤的检查）	检查标准	小组自查 （检查是否完成以下步骤，完成打√，没完成打×）	小组互查 （检查是否完成以下步骤，完成打√，没完成打×）
1	填写图纸标题栏信息	从标题栏中读取图纸信息，包括零件名、零件编号、图纸第 5 页（共 8 页）等。		
2	填写图纸的视图	主视图、剖视图、三维效果图。		
3	填写图纸的尺寸	车轮外形尺寸数据：$\phi 30$、$\phi 6$、$\phi 4$、$\phi 14$、15、5、3、$90°$、$R4$、$R2$；车轮轮毂尺寸数据：$\phi 24$、$\phi 12$、2。		
4	填写图纸的公差	与车轴装配的公差为$\phi 4_{-0.02}^{0}$。		
5	填写图纸的技术要求	未注圆角 $R2$。		
检查的评价	班　级		第　　组	组长签字	
	教师签字		日　期		
	评语：				

6. 填写图纸检验单的评价单

学习情境名称	跑车模型车轮的三维造型		学　时	4 学时
典型工作过程描述	**1. 填写图纸检验单**—2. 排列绘图步骤—3. 进行三维造型—4. 审订三维模型—5. 交付客户验收			
评 价 项 目	评 分 维 度	组长对每组的评分		教 师 评 价
小组 1 填写图纸检验单的阶段性结果	合理、完整、高效			
小组 2 填写图纸检验单的阶段性结果	合理、完整、高效			
小组 3 填写图纸检验单的阶段性结果	合理、完整、高效			
小组 4 填写图纸检验单的阶段性结果	合理、完整、高效			
评价的评价	班　　级　｜　｜　第　　组　｜　组长签字　｜ 教师签字　｜　｜　日　　期　｜ 评语：			

任务二　排列绘图步骤

1. 排列绘图步骤的资讯单

学习情境名称	跑车模型车轮的三维造型	学　时	4学时
典型工作过程描述	1. 填写图纸检验单—**2. 排列绘图步骤**—3. 进行三维造型—4. 审订三维模型—5. 交付客户验收		
收集资讯的方式	（1）查看客户需求单。 （2）查看教师提供的学习性工作任务单。 （3）查看客户提供的模型图纸 SC-04。 （4）查看学习通平台上的"机械零部件的三维造型"课程中情境 2 车轮的三维造型教学资源。		
资讯描述	（1）让学生从跑车车轮图中拆分出＿＿＿＿和拉伸两个特征。 （2）从剖视图中确定车轮外形旋转特征的草图。 （3）从主视图中确定车轮轮毂＿＿＿＿特征的草图。 （4）让学生明白绘图步骤：绘制车轮特征草图—用旋转命令完成车轮外形的三维造型—绘制轮毂特征草图—用拉伸和陈列命令完成轮毂的三维造型。		
对学生的要求	（1）学生能根据客户订单中的需求书和模型图，读懂车轮的视图，分析出车轮由旋转和拉伸＿＿＿＿个特征组成。 （2）学生能理解绘图步骤：绘制车轮特征草图—用＿＿＿＿命令完成车轮的三维造型—绘制轮毂特征草图—用＿＿＿＿命令完成轮毂的三维造型。 （3）通过小组讨论不断优化绘图步骤，选择最优方案，提高绘图的效率。		
参考资料	（1）客户需求单。 （2）跑车模型零件图 1 张。 （3）学习通平台上的"机械零部件的三维造型"课程中情境 2 车轮的三维造型教学资源。		
资讯的评价	班　级		第　组	组长签字	
	教师签字		日　期		
	评语：				

2. 排列绘图步骤的计划单

学习情境名称	跑车模型车轮的三维造型	学　时	4 学时
典型工作过程描述	1. 填写图纸检验单—**2. 排列绘图步骤**—3. 进行三维造型—4. 审订三维模型—5. 交付客户验收		
计划制订的方式	（1）咨询教师。 （2）上网查看类似零件绘图步骤。		

序　号	具体工作步骤	注　意　事　项
1	拆分图纸特征	拆分出_____和_____两个特征。
2	确定特征草图	（1）从剖视图中确定车轮外形旋转特征的草图。 （2）从主视图中确定轮毂拉伸特征的草图。
3	排列_____顺序	（1）用_____命令绘制出车轮外形的三维造型。 （2）用_____命令绘制出轮毂的三维造型。
4	审订造型顺序	通过小组讨论确定最优绘图方案：车轮外形特征的草图绘制—车轮旋转三维造型—轮毂拉伸特征的草图绘制—轮毂拉伸和陈列三维造型。

班　级		第　组		组长签字	
教师签字		日　期			

评语：

计划的评价	

3. 排列绘图步骤的决策单

学习情境名称	跑车模型车轮的三维造型		学　时	4 学时
典型工作过程描述	1. 填写图纸检验单—**2. 排列绘图步骤**—3. 进行三维造型—4. 审订三维模型—5. 交付客户验收			
序　号	以下哪项是完成"2.排列绘图步骤"这个典型工作环节的正确步骤？			正确与否 （正确打√，错误打×）
1	1. 拆分图纸特征—2. 确定特征草图—3. 排列造型顺序—4. 审订造型顺序			
2	1. 确定特征草图—2. 拆分图纸特征—3. 排列造型顺序—4. 审订造型顺序			
3	1. 确定特征草图—2. 审订造型顺序—3. 排列造型顺序—4. 拆分图纸特征			
4	1. 审订造型顺序—2. 拆分图纸特征—3. 排列造型顺序—4. 确定特征草图			

	班　级		第　组	组长签字	
决策的评价	教师签字		日　期		
	评语：				

4. 排列绘图步骤的实施单

学习情境名称	跑车模型车轮的三维造型		学　　时	4 学时
典型工作过程描述	1. 填写图纸检验单—**2. 排列绘图步骤**—3. 进行三维造型—4. 审订三维模型—5. 交付客户验收			
序　号	实施的具体步骤	注 意 事 项		自　评
1		拆分出拉伸和旋转两个特征。		
2		（1）从剖视图中确定车轮外形旋转特征的草图。（2）从主视图中确定轮毂拉伸特征的草图。		
3		（1）用旋转命令绘制出车轮外形的三维造型。（2）用拉伸命令绘制出轮毂的三维造型。		
4		通过小组讨论确定最优绘图方案：车轮外形特征的草图绘制—车轮旋转三维造型—轮毂拉伸特征的草图绘制—轮毂拉伸和陈列三维造型。		

实施说明：

（1）分析车轮的主视图和剖视图，拆分出拉伸和旋转两个特征。

（2）画出两个特征草图：从剖视图中确定车轮外形旋转特征的草图，从主视图中确定轮毂拉伸特征的草图。

（3）按照先整体后局部的顺序，先画出车轮外形的三维造型，再画出轮毂的三维造型。

（4）审订造型顺序：车轮外形特征的草图绘制—车轮旋转三维造型—轮毂拉伸特征的草图绘制—轮毂拉伸和陈列三维造型。

	班　　级		第　　组	组长签字	
	教师签字		日　　期		
实施的评价	评语：				

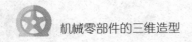

5. 排列绘图步骤的检查单

学习情境名称	跑车模型车轮的三维造型		学　时	4 学时
典型工作过程描述	1. 填写图纸检验单—**2. 排列绘图步骤**—3. 进行三维造型—4. 审订三维模型—5. 交付客户验收			
序　号	检查项目 （具体步骤的检查）	检　查　标　准	小组自查 （检查是否完成以下步骤，完成打√，没完成打×）	小组互查 （检查是否完成以下步骤，完成打√，没完成打×）
1	拆分图纸特征	拆分出拉伸和旋转两个特征。		
2	确定特征草图	（1）从剖视图中确定车轮外形旋转特征的草图。 （2）从主视图中确定轮毂拉伸特征的草图。		
3	排列造型顺序	（1）用旋转命令绘制出车轮外形的三维造型。 （2）用拉伸和陈列命令绘制出轮毂的三维造型。		
4	审订造型顺序	通过小组讨论确定最优绘图方案：车轮外形特征的草图绘制—车轮旋转三维造型—轮毂拉伸特征的草图绘制—轮毂拉伸和陈列三维造型。		

检查的评价	班　级		第　　组	组长签字	
	教师签字		日　期		
	评语：				

6. 排列绘图步骤的评价单

学习情境名称	跑车模型车轮的三维造型		学　时	4 学时
典型工作过程描述	1. 填写图纸检验单—**2. 排列绘图步骤**—3. 进行三维造型—4. 审订三维模型—5. 交付客户验收			
评价项目	评分维度	组长对每组的评分		教师评价
小组 1 排列绘图步骤的阶段性结果	合理、完整、高效			
小组 2 排列绘图步骤的阶段性结果	合理、完整、高效			
小组 3 排列绘图步骤的阶段性结果	合理、完整、高效			
小组 4 排列绘图步骤的阶段性结果	合理、完整、高效			
评价的评价	班　级		第　　组	组长签字	
	教师签字		日　期		
	评语：				

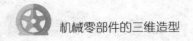

任务三　进行三维造型

1. 进行三维造型的资讯单

学习情境名称	跑车模型车轮的三维造型	学　时	4 学时
典型工作过程描述	1. 填写图纸检验单—2. 排列绘图步骤—3. 进行三维造型—4. 审订三维模型—5. 交付客户验收		
收集资讯的方式	（1）查看客户需求单。 （2）查看教师提供的学习性工作任务单。 （3）查看客户提供的模型图纸。 （4）查看学习通平台上的"机械零部件的三维造型"课程中情境 2 车轮的三维造型教学资源中的拉伸、旋转和阵列特征等微课。		
资讯描述	（1）让学生查看客户需求单，明确车轮三维造型的要求。 （2）在 UG NX 软件中新建模型文件，选择软件中使用的模型模块。 （3）根据车轮的零件图绘制出车轮外形和轮毂的特征_____。 （4）学习_____、_____和阵列特征的微课，完成车轮外形和轮毂的三维造型。 （5）检查车轮的三维特征是否正确，如果不正确，可以修改、编辑特征。		
对学生的要求	（1）学生能根据客户需求单自主学习查看"机械零部件的三维造型"课程中情境 2 车轮的三维造型教学资源中的拉伸、旋转和阵列特征等微课。 （2）学生会根据客户提供的车轮零件图绘制出车轮外形和轮毂的特征草图。 （3）学生会使用软件中的旋转、拉伸和阵列命令完成车轮的_____造型，能对特征和_____进行编辑处理。 （4）学生在绘图过程中养成及时_____图档的习惯，以防止图档丢失；根据参考书学会软件中文件的创建、模块的选择等。		
参考资料	（1）教师提供的学习性工作任务单。 （2）学习通平台上的"机械零部件的三维造型"课程中情境 2 车轮的三维造型教学资源中的拉伸、旋转和阵列特征等微课。 （3）《中文版 UG NX 12.0 从入门到精通（实战案例版）》，中国水利水电出版社，2018年 9 月，212～218 页。		
资讯的评价	班　级		第　组	组长签字	
	教师签字		日　期		
	评语：				

2. 进行三维造型的计划单

学习情境名称	跑车模型车轮的三维造型	学　　时	4 学时
典型工作过程 描述	1. 填写图纸检验单—2. 排列绘图步骤—**3.** 进行三维造型—4. 审订三维 模型—5. 交付客户验收		
计划制订的方式	（1）查看教师提供的教学资料。 （2）通过资料自行试操作。		

序　　号	具体工作步骤	注 意 事 项
1	创建模型文件	将文件保存到对应的_____下面。
2	创建特征____	车轮外形草图和车轮轮毂草图。
3	选择造型特征	用旋转命令完成车轮外形的三维造型，用拉伸和阵列命令 完成轮毂的三维造型。
4	设置特征参数	旋转轴、轴的起始点，旋转角度为360°,拉伸深度大于____。
5	审订造型特征	查看客户需求单和客户提供的_____。
6	保存三维造型	文件保存的_____、格式。

班　　级		第　　组		组长签字	
教师签字		日　　期			

计划的评价	评语：

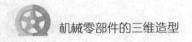

3. 进行三维造型的决策单

学习情境名称	跑车模型车轮的三维造型	学　　时	4 学时
典型工作过程描述	1. 填写图纸检验单—2. 排列绘图步骤—**3. 进行三维造型**—4. 审订三维模型—5. 交付客户验收		
序　　号	以下哪项是完成"3.进行三维造型"这个典型工作环节的正确步骤？	正确与否（正确打√，错误打×）	
1	1. 创建模型文件—2. 创建特征草图—3. 选择造型特征—4. 设置特征参数—5. 审订造型特征—6. 保存三维造型		
2	1. 选择造型特征—2. 创建特征草图—3. 创建模型文件—4. 设置特征参数—5. 审订造型特征—6. 保存三维造型		
3	1. 创建特征草图—2. 创建模型文件—3. 选择造型特征—4. 设置特征参数—5. 审订造型特征—6. 保存三维造型		
4	1. 审订造型特征—2. 创建特征草图—3. 选择造型特征—4. 设置特征参数—5. 创建模型文件—6. 保存三维造型		

	班　　级		第　　组		组长签字	
	教师签字		日　　期			
决策的评价	评语：					

4. 进行三维造型的实施单

学习情境名称	跑车模型车轮的三维造型		学　　时	4 学时
典型工作过程描述	1. 填写图纸检验单—2. 排列绘图步骤—3. 进行三维造型—4. 审订三维模型—5. 交付客户验收			
序　　号	实施的具体步骤	注 意 事 项		自　　评
1		将文件保存到对应的文件夹下面。		
2		车轮外形草图和车轮轮毂草图。		
3		用旋转命令完成车轮外形的三维造型，用拉伸和阵列命令完成轮毂的三维造型。		
4		旋转轴、轴的起始点，旋转角度为 360°，拉伸深度大于 15。		
5		查看客户需求单和客户提供的模型图纸。		
6		文件保存的位置、格式。		

实施说明：

（1）创建模型文件时，注意文件的命名。

（2）创建特征草图时，注意尺寸标注位置与模型图纸一致，方便检查。

（3）创建车轮外形和轮毂的三维造型时，注意顺序。

（4）设置特征参数时，要明白参数所表达的意思。

（5）审订造型特征时，一定要认真阅读客户需求单和客户提供的模型图纸。

（6）保存三维造型时，注意查看保存的位置。

班　　级		第　　　组		组长签字	
教师签字		日　　期			
实施的评价	评语：				

5. 进行三维造型的检查单

学习情境名称	跑车模型车轮的三维造型		学　　时	4 学时
典型工作过程 描述	1. 填写图纸检验单—2. 排列绘图步骤—**3. 进行三维造型**—4. 审订三维模型—5. 交付客户验收			
序　　号	检查项目 （具体步骤的检查）	检 查 标 准	小组自查 （检查是否完成以下步骤，完成打√，没完成打×）	小组互查 （检查是否完成以下步骤，完成打√，没完成打×）
1	创建模型文件	将文件保存到跑车模型文件夹下面。		
2	创建特征草图	绘制车轮外形草图、车轮轮毂草图。		
3	选择造型特征	车轮外形造型特征的选择、车轮轮毂特征的选择。		
4	设置特征参数	旋转轴、轴的起始点，旋转角度为360°，拉伸深度大于15。		
5	审订造型特征	车轮外形、轮毂特征。		
6	保存三维造型	文件保存的位置、格式。		

检查的评价	班　　级		第　　组	组长签字	
	教师签字		日　　期		
	评语：				

6. 进行三维造型的评价单

学习情境名称	跑车模型车轮的三维造型		学 时	4 学时
典型工作过程描述	1. 填写图纸检验单—2. 排列绘图步骤—3. 进行三维造型—4. 审订三维模型—5. 交付客户验收			
评价项目	评分维度	组长对每组的评分		教师评价
小组 1 进行三维造型的阶段性结果	美观、时效、完整			
小组 2 进行三维造型的阶段性结果	美观、时效、完整			
小组 3 进行三维造型的阶段性结果	美观、时效、完整			
小组 4 进行三维造型的阶段性结果	美观、时效、完整			
评价的评价	班 级		第 组	组长签字
	教师签字		日 期	
	评语:			

 机械零部件的三维造型

任务四　审订三维模型

1. 审订三维模型的资讯单

学习情境名称	跑车模型车轮的三维造型	学　时	4 学时
典型工作过程 描述	1. 填写图纸检验单—2. 排列绘图步骤—3. 进行三维造型—**4. 审订三维模型**—5. 交付客户验收		
收集资讯的方式	（1）观察教师现场示范。 （2）查看客户需求单的模型图纸。 （3）查看教师提供的学习性工作任务单。		
资讯描述	（1）观察教师示范，学会如何检查_____及_____设置。 （2）通过客户需求单的车轮模型图纸，检查车轮外形尺寸数据 $\phi30$、$\phi6$、$\phi4$、$\phi14$、15、5、3、90°、$R4$、$R2$，车轮轮毂尺寸数据_____、$\phi12$、2 是否正确。 （3）通过客户需求单的车轮模型图纸，检查模型特征。		
对学生的要求	（1）学生能根据客户需求单的模型图纸检查特征是否正确。 （2）学生能根据_____的模型图纸检查草图尺寸是否正确。 （3）学生能检查模型草图隐藏、_____效果。 （4）学生能检查文件的格式是否与客户需求单的要求一致。 （5）学生具有耐心、仔细的态度。		
参考资料	（1）客户需求单。 （2）客户提供的车轮模型图纸。 （3）学习性工作任务单。		

班　级		第　组	组长签字	
教师签字		日　期		

资讯的评价	评语：

58

2. 审订三维模型的计划单

学习情境名称		跑车模型车轮的三维造型	学　时	4 学时
典型工作过程描述		1. 填写图纸检验单—2. 排列绘图步骤—3. 进行三维造型—**4. 审订三维模型**—5. 交付客户验收		
计划制订的方式		（1）查看客户需求单。 （2）查看学习性工作任务单。		
序　号	具体工作步骤	注　意　事　项		
1	审订模型特征	注意旋转轴的选择，拉伸的深度大于＿＿＿。		
2	审订模型＿＿＿＿	草图尺寸标注方式与模型图纸一致。		
3	审订模型效果	检查模型草图隐藏、＿＿＿和＿＿＿＿效果。		
4	审订文件＿＿＿＿	是否按客户需求单的要求保存。		

	班　级		第　组	组长签字	
	教师签字		日　期		
计划的评价	评语：				

3. 审订三维模型的决策单

学习情境名称	跑车模型车轮的三维造型		学　时	4 学时
典型工作过程描述	1. 填写图纸检验单—2. 排列绘图步骤—3. 进行三维造型—**4. 审订三维模型**—5. 交付客户验收			
序　号	以下哪项是完成"4.审订三维模型"这个典型工作环节的正确步骤？			正确与否（正确打√，错误打×）
1	1. 审订模型尺寸—2. 审订模型特征—3. 审订模型效果—4. 审订文件格式			
2	1. 审订模型特征—2. 审订模型尺寸—3. 审订模型效果—4. 审订文件格式			
3	1. 审订模型效果—2. 审订模型尺寸—3. 审订模型特征—4. 审订文件格式			
4	1. 审订模型特征—2. 审订文件格式—3. 审订模型效果—4. 审订模型尺寸			

	班　级		第　组	组长签字	
	教师签字		日　期		
决策的评价	评语：				

4. 审订三维模型的实施单

学习情境名称		跑车模型车轮的三维造型		学　　时	4 学时
典型工作过程描述		1. 填写图纸检验单—2. 排列绘图步骤—3. 进行三维造型—**4. 审订三维模型**—5. 交付客户验收			
序　号	实施的具体步骤		注　意　事　项	自　　评	
1			注意旋转轴的选择，拉伸的深度大于 15。		
2			草图尺寸标注方式与模型图纸一致。		
3			检查模型草图隐藏、着色效果和渲染效果。		
4			是否按客户需求单的要求保存。		

实施说明：

（1）检查特征时，注意检查旋转、拉伸的参数设置。

（2）检查模型尺寸时，注意草图尺寸与模型图纸，要准确无误。

（3）检查模型效果时，要完成模型草图隐藏、着色效果和渲染效果。

（4）检查文件格式时，要注意查看客户需求单，另存为.stp 格式。

	班　级		第　　组		组长签字	
	教师签字		日　　期			
实施的评价	评语：					

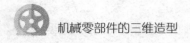

5. 审订三维模型的检查单

学习情境名称	跑车模型车轮的三维造型		学　时	4 学时
典型工作过程描述	1. 填写图纸检验单—2. 排列绘图步骤—3. 进行三维造型—**4. 审订三维模型**—5. 交付客户验收			

序　号	检查项目 （具体步骤的检查）	检 查 标 准	小组自查 （检查是否完成以下步骤，完成打√，没完成打×）	小组互查 （检查是否完成以下步骤，完成打√，没完成打×）
1	审订模型特征	车轮外形的特征、车轮轮毂的特征。		
2	审订模型尺寸	车轮外形草图尺寸、车轮轮毂草图尺寸。		
3	审订模型效果	模型草图隐藏、着色效果和渲染效果。		
4	审订文件格式	软件原始格式、.stp格式。		

	班　　级		第　　组	组长签字	
检查的评价	教师签字		日　　期		
	评语：				

6. 审订三维模型的评价单

学习情境名称	跑车模型车轮的三维造型	学　时	4 学时
典型工作过程描述	1. 填写图纸检验单—2. 排列绘图步骤—3. 进行三维造型—**4. 审订三维模型**—5. 交付客户验收		
评 价 项 目	评 分 维 度	组长对每组的评分	教 师 评 价
小组 1 审订三维模型的阶段性结果	速度、严谨、正确性		
小组 2 审订三维模型的阶段性结果	速度、严谨、正确性		
小组 3 审订三维模型的阶段性结果	速度、严谨、正确性		
小组 4 审订三维模型的阶段性结果	速度、严谨、正确性		

评价的评价	班　级		第　组	组长签字	
	教师签字		日　期		
	评语：				

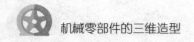

任务五　交付客户验收

1. 交付客户验收的资讯单

学习情境名称	跑车模型车轮的三维造型	学　　时	4 学时
典型工作过程描述	1. 填写图纸检验单—2. 排列绘图步骤—3. 进行三维造型—4. 审订三维模型—**5. 交付客户验收**		
收集资讯的方式	（1）查看客户需求单。 （2）客户订单资料的存档归类演示。 （3）查看教师提供的学习性工作任务单。		
资讯描述	（1）查看客户需求单，明确客户的要求。 （2）查看验收单收集案例，明确验收单收集的内容。 （3）明确满足_____要求的资料内容。 （4）查询资料，明确客户订单资料的存档方法。		
对学生的要求	（1）仔细核对客户验收单是否满足交付的条件，履行契约精神。 （2）学会归还客户订单原始资料，包括图纸____张、模型数据等，确保原始资料完好。 （3）学会交付满足客户要求的资料，包括三维造型电子档____份、三维造型效果图____份等，做到细心、准确。 （4）学会收回双方约定的验收单，包括原始资料归还的签收单、_____、客户满意度反馈表等，在交付过程中做到诚实守信。 （5）学会将客户的订单资料存档，并做好文档归类，以方便查阅。		
参考资料	（1）客户需求单。 （2）客户提供的模型图纸。 （3）学习性工作任务单。		

班　　级		第　　组		组长签字	
教师签字		日　　期			

资讯的评价	评语：

2. 交付客户验收的计划单

学习情境名称	跑车模型车轮的三维造型	学　时	4 学时
典型工作过程描述	1. 填写图纸检验单—2. 排列绘图步骤—3. 进行三维造型—4. 审订三维模型—5. 交付客户验收		
计划制订的方式	（1）查看客户验收单。 （2）查看教师提供的学习资料。		

序　号	具体工作步骤	注 意 事 项
1	核对客户验收单	查看客户验收单，确定是否可以交付。
2	归还客户订单原始资料	图纸____张、模型数据。
3	____造型图等资料	三维造型电子档_____份、三维造型效果图____份。
4	____客户验收单	原始资料归还的签收单、三维造型图的验收单、客户满意度反馈表。
5	归档订单资料	客户验收单、三维造型电子档存档规范。

计划的评价	班　级		第　组	组长签字	
	教师签字		日　期		
	评语：				

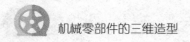

3. 交付客户验收的决策单

学习情境名称	跑车模型车轮的三维造型	学　时	4 学时
典型工作过程描述	1. 填写图纸检验单—2. 排列绘图步骤—3. 进行三维造型—4. 审订三维模型—**5. 交付客户验收**		
序　号	以下哪项是完成"5.交付客户验收"这个典型工作环节的正确步骤？		正确与否（正确打√，错误打×）
1	1. 收回客户验收单—2. 归还客户订单原始资料—3. 交付造型图等资料—4. 核对客户验收单—5. 归档订单资料		
2	1. 交付造型图等资料—2. 归还客户订单原始资料—3. 核对客户验收单—4. 收回客户验收单—5. 归档订单资料		
3	1. 核对客户验收单—2. 归还客户订单原始资料—3. 交付造型图等资料—4. 收回客户验收单—5. 归档订单资料		
4	1. 归档订单资料—2. 归还客户订单原始资料—3. 交付造型图等资料—4. 收回客户验收单—5. 核对客户验收单		

决策的评价	班　级		第　组	组长签字	
	教师签字		日　期		
	评语：				

4. 交付客户验收的实施单

学习情境名称	跑车模型车轮的三维造型		学　时	4 学时
典型工作过程描述	1. 填写图纸检验单—2. 排列绘图步骤—3. 进行三维造型—4. 审订三维模型—5. 交付客户验收			
序　号	实施的具体步骤	注 意 事 项		自　评
1		查看客户验收单，确定是否可以交付。		
2		图纸 1 张、模型数据。		
3		三维造型电子档 1 份、三维造型效果图 1 份。		
4		原始资料归还的签收单、三维造型图的验收单、客户满意度反馈表。		
5		客户验收单、三维造型电子档存档规范。		

实施说明：

（1）学生要认真、仔细地核对客户验收单，保证交付正确。

（2）学生要归还客户提供的所有原始资料，可以跟签收单对照。

（3）学生要交付三维造型、纸质资料等。

（4）学生要明确收回哪些单据。

（5）学生在归档订单资料时，资料整理一定要规范，以方便查找。

班　级		第　　组	组长签字	
教师签字		日　期		

实施的评价	
	评语：

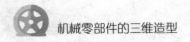

5. 交付客户验收的检查单

学习情境名称	跑车模型车轮的三维造型		学　时	4 学时
典型工作过程描述	1. 填写图纸检验单—2. 排列绘图步骤—3. 进行三维造型—4. 审订三维模型—**5. 交付客户验收**			
序　号	检查项目 （具体步骤的检查）	检查标准	小组自查 （检查是否完成以下步骤，完成打√，没完成打×）	小组互查 （检查是否完成以下步骤，完成打√，没完成打×）
1	核对客户验收单	客户验收单满足交付条件。		
2	归还客户订单原始资料	图纸 1 张、模型数据。		
3	交付造型图等资料	三维造型电子档 1 份、三维造型效果图 1 份。		
4	收回客户验收单	原始资料归还的签收单、三维造型图的验收单、客户满意度反馈表。		
5	归档订单资料	客户验收单、三维造型电子档存档规范。		

	班　级		第　组	组长签字
	教师签字		日　期	
检查的评价	评语：			

68

6. 交付客户验收的评价单

学习情境名称	跑车模型车轮的三维造型		学　　时	4 学时
典型工作过程 描述		1. 填写图纸检验单—2. 排列绘图步骤—3. 进行三维造型—4. 审订三维模型—**5. 交付客户验收**		
评价项目	评分维度	组长对每组的评分		教师评价
小组 1 交付客户验收的阶段性结果	诚信、完整、时效			
小组 2 交付客户验收的阶段性结果	诚信、完整、时效			
小组 3 交付客户验收的阶段性结果	诚信、完整、时效			
小组 4 交付客户验收的阶段性结果	诚信、完整、时效			

	班　　级		第　　组	组长签字	
	教师签字		日　　期		
评价的评价	评语:				

学习情境三 跑车模型前翼的三维造型

客户需求单

客户需求

公司为展示跑车前翼模型的三维效果，委托我校用 UG NX 12.0 对跑车前翼进行三维造型。

（1）根据企业提供的跑车模型前翼图纸，完成三维造型。

（2）请在 1 小时内完成，完成后提交跑车前翼的三维造型电子档（.prt 和.stp 格式）。

客户图纸

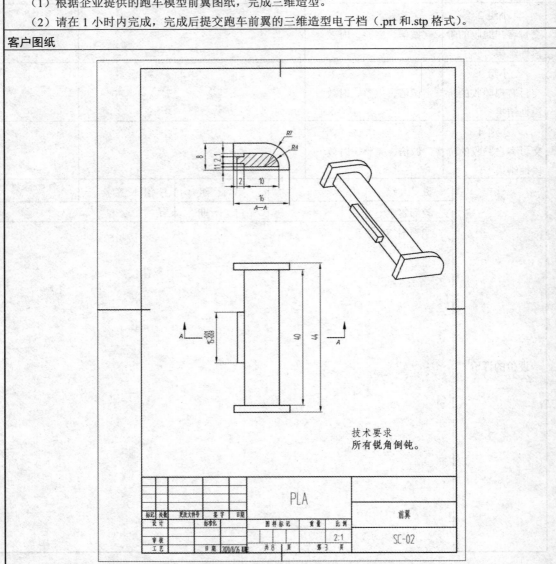

技术要求
所有锐角倒钝。

							PLA				
标记	处数	更改文件号	签字	日期						前翼	
设计			标准化			图样标记		重量	比例		
审核									2:1	SC-02	
工艺			日期	2020/0/26 批准		共 8 页		第 3 页			

学习性工作任务单

学习情境名称	跑车模型前翼的三维造型	学　　时	4 学时
典型工作过程描述	1. 填写图纸检验单—2. 排列绘图步骤—3. 进行三维造型—4. 审订三维模型—5. 交付客户验收		
学习目标	**1. 填写图纸检验单** 　1.1　填写图纸标题栏信息； 　1.2　填写图纸的视图； 　1.3　填写图纸的尺寸； 　1.4　填写图纸的公差； 　1.5　填写图纸的技术要求。 **2. 排列绘图步骤** 　2.1　拆分图纸特征； 　2.2　确定特征草图； 　2.3　排列造型顺序； 　2.4　审订造型顺序。 **3. 进行三维造型** 　3.1　创建模型文件； 　3.2　创建特征草图； 　3.3　选择造型特征； 　3.4　设置特征参数； 　3.5　审订造型特征； 　3.6　保存三维造型。 **4. 审订三维模型** 　4.1　审订模型特征； 　4.2　审订模型尺寸； 　4.3　审订模型效果； 　4.4　审订文件格式。 **5. 交付客户验收** 　5.1　核对客户验收单； 　5.2　归还客户订单原始资料； 　5.3　交付造型图等资料； 　5.4　收回客户验收单； 　5.5　归档订单资料。		
任务描述	（1）**填写图纸检验单**。第一，通过查看客户需求单，让学生从 8 页图纸中找到第 3 页的前翼模型图纸。第二，让学生了解跑车前翼图由剖视图、主视图、三维效果图组成。第三，从视图中得知前翼外形尺寸为 44、16、$R7$，中间骨尺寸为 10、4、$R4$。第四，从主视图中可以看出与车身装配的公差为 $15^{-0.01}_{-0.03}$。第五，从技术要求中可知所有锐角倒钝。		

任务描述	（2）**排列绘图步骤**。第一，从跑车前翼图中确定使用拉伸特征。第二，从剖视图中确定拉伸特征的草图。第三，让学生明白绘图步骤：绘制拉伸特征所有草图—多次用拉伸命令完成前翼的三维造型。 （3）**进行三维造型**。第一，打开 UG NX 软件，从模型中新建文件。第二，创建前翼所有特征草图。第三，根据上述草图，使用拉伸命令完成前翼的三维造型。第四，让学生明白拉伸参数设置：起始值、终止值。第五，查看特征是否正确，确保无误后，保存三维造型。 （4）**审订三维模型**。第一，审订模型的拉伸特征。第二，检查前翼外形尺寸 44、16、$R7$，中间骨尺寸 10、4、$R4$。第三，检查模型草图隐藏、着色效果和渲染效果。第四，检查文件的格式是否与客户需求单的要求一致。 （5）**交付客户验收**。第一，核对客户验收单是否满足交付条件。第二，归还客户订单原始资料，包括图纸 1 张、模型数据等，保证原始资料的完整。第三，交付满足客户要求的三维造型电子档 1 份、三维造型效果图 1 份。第四，收回双方约定的验收单，包括原始资料归还的签收单、三维造型图的验收、客户满意度反馈表等。第五，将客户的订单资料存档，包括客户验收单、三维造型电子档等，注意对客户资料的保密等特定要求。				
学时	资讯 0.4 学时	计划 0.4 学时	决策 0.4 学时	实施 2 学时	检查 0.4 学时	评价 0.4 学时
对学生的要求	（1）**填写图纸检验单**。第一，学生查看客户订单后，能看懂图纸信息，包括视图、尺寸、公差等。第二，填写检验单时，要具有一丝不苟的精神，对技术要求等认真查看、填写。 （2）**排列绘图步骤**。第一，学生能根据客户订单使用拉伸命令完成前翼的三维造型。第二，学生能明白绘图步骤：绘制拉伸特征所有草图—多次使用拉伸命令完成前翼的三维造型。第三，学生要不断优化绘图步骤，提高绘图的效率。 （3）**进行三维造型**。第一，学生能根据客户订单使用拉伸命令完成前翼的三维造型。第二，学生会熟练设置特征的参数并完成三维造型。第三，学生在绘图过程中养成及时保存图档的习惯。 （4）**审订三维模型**。第一，学生能根据客户订单检查特征是否正确，检查草图尺寸是否正确。第二，学生会检查模型草图隐藏、着色效果和渲染效果。第三，学生会检查文件的格式是否与客户需求单的要求一致。第四，学生应具有耐心、仔细的态度。 （5）**交付客户验收**。第一，仔细核对客户验收单是否满足交付的条件，履行契约精神。第二，学会归还客户订单原始资料，包括图纸 1 张、模型数据等，确保原始资料完好。第三，学会交付满足客户要求的资料，包括三维造型电子档 1 份、三维造型效果图 1 份等，做到细心、准确。第四，学会收回双方约定的验收单，包括原始资料归还的签收单、三维造型图的验收单、客户满意度反馈表等，在交付过程中做到诚实守信。第五，学生需要将客户的订单资料存档，并做好文档归类，以方便查阅。				
参考资料	（1）客户需求单。 （2）客户提供的模型图纸 SC-02。				

参考资料	（3）学习通平台上的"机械零部件的三维造型"课程中情境 3 前翼的三维造型教学资源。 （4）《中文版 UG NX 12.0 从入门到精通（实战案例版）》，中国水利水电出版社，2018 年 9 月，212～218 页。					
教学和学习 方式与流程	典型工作环节	教学和学习的方式				
	1. 填写图纸检验单	资讯	计划	决策	实施	检查	评价
	2. 排列绘图步骤	资讯	计划	决策	实施	检查	评价
	3. 进行三维造型	资讯	计划	决策	实施	检查	评价
	4. 审订三维模型	资讯	计划	决策	实施	检查	评价
	5. 交付客户验收	资讯	计划	决策	实施	检查	评价

材料工具清单

学习情境名称	跑车模型前翼的三维造型				学　时	4 学时	
典型工作过程 描述	1. 填写图纸检验单—2. 排列绘图步骤—3. 进行三维造型—4. 审订三维模型—5. 交付客户验收						
典型 工作过程	序　号	名　称	作　用	数　量	型　号	使用量	使用者
1. 填写图纸 检验单	1	前翼图纸	参考	1 张		1 张	学生
	2	圆珠笔	填表	1 支		1 支	学生
2. 排列绘图 步骤	3	本子	排列步骤	1 本		1 本	学生
3. 进行三维 造型	4	机房	上课	1 间		1 间	学生
	5	UG NX 12.0	绘图	1 套		1 套	学生
5. 交付客户 验收	6	文件夹	存档	1 个		1 个	学生
班　级		第　　组			组长签字		
教师签字		日　期					

任务一 填写图纸检验单

1. 填写图纸检验单的资讯单

学习情境名称	跑车模型前翼的三维造型	学　时	4 学时
典型工作过程描述	**1.** 填写图纸检验单—2. 排列绘图步骤—3. 进行三维造型—4. 审订三维模型—5. 交付客户验收		
收集资讯的方式	（1）查看客户需求单。 （2）查看客户提供的模型图纸。 （3）查看教师提供的学习性工作任务单。		
资讯描述	（1）公司为了展示跑车前翼模型的三维效果，委托我校用 UG NX 12.0 对跑车前翼进行三维造型。 （2）通过查看客户需求单，让学生从 8 页图纸中找到第 3 页（前翼）图纸。 （3）读懂前翼的视图，从视图中得知前翼外形尺寸＿＿＿＿、16、＿＿＿＿，中间骨尺寸 10、4、$R4$。 （4）观察客户提供的跑车模型前翼图，从主视图中可以看出与车身装配的公差为＿＿＿＿，从技术要求中可以得知＿＿＿＿。		
对学生的要求	（1）学会查看客户需求单。 （2）能读懂前翼的视图和尺寸。 （3）会分析尺寸＿＿＿＿以及技术要求等。 （4）填写检验单时要具备一丝不苟的精神。		
参考资料	（1）客户需求单。 （2）客户提供的模型图纸 SC-02。		

班　级		第　　组	组长签字	
教师签字		日　期		
资讯的评价	评语：			

74

2. 填写图纸检验单的计划单

学习情境名称	跑车模型前翼的三维造型		学　　时	4 学时
典型工作过程描述	**1. 填写图纸检验单**—2. 排列绘图步骤—3. 进行三维造型—4. 审订三维模型—5. 交付客户验收			
计划制订的方式	（1）查看客户订单。 （2）查看学习性工作任务单。 （3）查阅机械制图有关资料。			

序　　号	具体工作步骤	注　意　事　项
1	填写图纸标题栏信息	从标题栏中读取图纸信息，包括_____、零件编号、图纸第 3 页（共 8 页）等。
2	填写图纸的视图	_____、主视图、三维效果图。
3	填写图纸的尺寸	前翼外形尺寸_____、16、$R7$，中间骨尺寸____、4、$R4$。
4	填写图纸的公差	与车身装配的公差为 $15_{-0.03}^{-0.01}$。
5	填写图纸的技术要求	所有锐角_____。

	班　　级		第　　组	组长签字	
	教师签字		日　　期		
计划的评价	评语：				

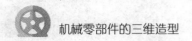 机械零部件的三维造型

3. 填写图纸检验单的决策单

学习情境名称	跑车模型前翼的三维造型		学　　时	4学时
典型工作过程描述	**1. 填写图纸检验单**—2. 排列绘图步骤—3. 进行三维造型—4. 审订三维模型—5. 交付客户验收			
序　　号	以下哪项是完成"1.填写图纸检验单"这个典型工作环节的正确步骤？			正确与否（正确打√，错误打×）
1	1. 填写图纸的视图—2. 填写图纸标题栏信息—3. 填写图纸的尺寸—4. 填写图纸的公差—5. 填写图纸的技术要求			
2	1. 填写图纸标题栏信息—2. 填写图纸的视图—3. 填写图纸的尺寸—4. 填写图纸的公差—5. 填写图纸的技术要求			
3	1. 填写图纸的尺寸—2. 填写图纸的视图—3. 填写图纸标题栏信息—4. 填写图纸的公差—5. 填写图纸的技术要求			
4	1. 填写图纸的尺寸—2. 填写图纸标题栏信息—3. 填写图纸的视图—4. 填写图纸的公差—5. 填写图纸的技术要求			
决策的评价	班　　级		第　　组	组长签字	
	教师签字		日　　期		
	评语：				

76

4. 填写图纸检验单的实施单

学习情境名称	跑车模型前翼的三维造型	学　时	4 学时
典型工作过程 描述	**1.** 填写图纸检验单—2. 排列绘图步骤—3. 进行三维造型—4. 审订三维模型— 5. 交付客户验收		

序　号	实施的具体步骤	注 意 事 项	自　评
1		从标题栏中读取图纸信息，包括零件名、零件编号、图纸第 3 页（共 8 页）等。	
2		剖视图、主视图、三维效果图。	
3		前翼外形尺寸 44、16、$R7$，中间骨尺寸 10、4、$R4$。	
4		与车身装配的公差为 $15^{-0.01}_{-0.03}$。	
5		所有锐角倒钝。	

实施说明：

（1）查看客户需求单后，填写图纸_____页。

（2）查看客户需求单后，填写图纸视图是否表达完整：_____。

（3）通过小组讨论，填写图纸的前翼尺寸是否完整：_____。如不完整，标出_____。

（4）通过小组讨论，填写图纸中前翼与车身装配的公差：_____。

（5）通过小组讨论，填写图纸的技术要求：_____。

	班　级		第　　组	组长签字	
	教师签字		日　期		
实施的评价	评语：				

 机械零部件的三维造型

5. 填写图纸检验单的检查单

学习情境名称	跑车模型前翼的三维造型		学　时	4 学时
典型工作过程描述	**1.** 填写图纸检验单—2. 排列绘图步骤—3. 进行三维造型—4. 审订三维模型—5. 交付客户验收			
序　号	检查项目 （具体步骤的检查）	检查标准	小组自查 （检查是否完成以下步骤，完成打√，没完成打×）	小组互查 （检查是否完成以下步骤，完成打√，没完成打×）
1	填写图纸标题栏信息	从标题栏中读取图纸信息，包括零件名、零件编号、图纸第 3 页（共 8 页）等。		
2	填写图纸的视图	主视图、剖视图、三维效果图。		
3	填写图纸的尺寸	前翼外形尺寸 44、16、$R7$，中间骨尺寸 10、4、$R4$。		
4	填写图纸的公差	与车身装配的公差为 $15^{-0.01}_{-0.03}$。		
5	填写图纸的技术要求	所有锐角倒钝。		
检查的评价	班　级　　　　　　　第　　组　　　组长签字 教师签字　　　　　　日　期 评语：			

78

6. 填写图纸检验单的评价单

学习情境名称	跑车模型前翼的三维造型		学　　时	4 学时
典型工作过程描述	**1. 填写图纸检验单**—2. 排列绘图步骤—3. 进行三维造型—4. 审订三维模型—5. 交付客户验收			
评 价 项 目	评 分 维 度	组长对每组的评分		教 师 评 价
小组 1 填写图纸检验单的阶段性结果	合理、完整、高效			
小组 2 填写图纸检验单的阶段性结果	合理、完整、高效			
小组 3 填写图纸检验单的阶段性结果	合理、完整、高效			
小组 4 填写图纸检验单的阶段性结果	合理、完整、高效			
	班　　级		第　　组	组长签字	
	教师签字		日　　期		
评价的评价	评语：			

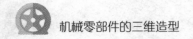

任务二　排列绘图步骤

1. 排列绘图步骤的资讯单

学习情境名称	跑车模型前翼的三维造型	学　时	4 学时
典型工作过程描述	1. 填写图纸检验单—**2. 排列绘图步骤**—3. 进行三维造型—4. 审订三维模型—5. 交付客户验收		
收集资讯的方式	（1）查看客户需求单。 （2）查看教师提供的学习性工作任务单。 （3）查看客户提供的模型图纸 SC-02。 （4）查看学习通平台上的"机械零部件的三维造型"课程中情境 3 前翼的三维造型教学资源。		
资讯描述	（1）让学生从跑车前翼图中确定使用_____特征。 （2）从剖视图中确定前翼拉伸特征的_____。 （3）让学生明白绘图步骤：绘制拉伸特征所有草图—多次用拉伸命令完成前翼的三维造型。		
对学生的要求	（1）学生能根据客户订单中的_____和模型图，读懂前翼的视图，分析前翼拉伸特征。 （2）学生能理解绘图步骤：绘制拉伸特征所有_____—多次用拉伸命令完成前翼的三维造型。 （3）通过小组讨论不断优化绘图步骤，选择最优方案，提高绘图的_____。		
参考资料	（1）客户需求单。 （2）跑车模型零件图 SC-02。 （3）学习通平台上的"机械零部件的三维造型"课程中情境 3 前翼的三维造型教学资源。		

班　级		第　　组		组长签字	
教师签字		日　期			
资讯的评价	评语：				

2. 排列绘图步骤的计划单

学习情境名称	跑车模型前翼的三维造型	学　时	4 学时
典型工作过程 描述	1. 填写图纸检验单—**2. 排列绘图步骤**—3. 进行三维造型—4. 审订三维模型—5. 交付客户验收		
计划制订的方式	（1）咨询教师。 （2）上网查看类似零件绘图步骤。		

序　号	具体工作步骤	注意事项
1	拆分图纸特征	拆分出＿＿个拉伸特征。
2	＿＿＿特征草图	从＿＿＿图中确定前翼外形拉伸特征的草图。
3	排列＿＿＿顺序	多次用＿＿＿命令绘制出前翼的三维造型。
4	审订造型顺序	通过小组讨论确定最优方案：绘制拉伸特征所有草图—多次用拉伸命令完成前翼的三维造型。

班　级		第　　组		组长签字	
教师签字		日　　期			

计划的评价	评语：

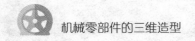

3. 排列绘图步骤的决策单

学习情境名称	跑车模型前翼的三维造型	学　时	4 学时
典型工作过程描述	1. 填写图纸检验单—**2. 排列绘图步骤**—3. 进行三维造型—4. 审订三维模型—5. 交付客户验收		
序　号	以下哪项是完成"2.排列绘图步骤"这个典型工作环节的正确步骤？		正确与否 （正确打√,错误打×）
1	1. 拆分图纸特征—2. 确定特征草图—3. 排列造型顺序—4. 审订造型顺序		
2	1. 确定特征草图—2. 拆分图纸特征—3. 排列造型顺序—4. 审订造型顺序		
3	1. 确定特征草图—2. 审订造型顺序—3. 排列造型顺序—4. 拆分图纸特征		
4	1. 审订造型顺序—2. 拆分图纸特征—3. 排列造型顺序—4. 确定特征草图		

	班　级		第　　组	组长签字	
	教师签字		日　期		

决策的评价

评语：

4. 排列绘图步骤的实施单

学习情境名称	跑车模型前翼的三维造型		学　　时	4 学时
典型工作过程描述				

序　　号	实施的具体步骤	注　意　事　项	自　　评
1		拆分出 4 个拉伸特征。	
2		从剖视图中确定前翼外形拉伸特征的草图。	
3		多次用拉伸命令绘制出前翼的三维造型。	
4		通过小组讨论确定最优绘图方案：绘制拉伸特征所有草图—多次用拉伸命令完成前翼的三维造型。	

典型工作过程描述：1. 填写图纸检验单—**2. 排列绘图步骤**—3. 进行三维造型—4. 审订三维模型—5. 交付客户验收

实施说明：

（1）分析前翼的主视图和剖视图，拆分出拉伸特征。

（2）画出所有特征草图：从剖视图中确定前翼外形拉伸特征的草图。

（3）按照先整体后局部的顺序画出前翼外形的三维造型。

（4）审订造型顺序：绘制拉伸特征所有草图—多次用拉伸命令完成前翼的三维造型。

	班　　级		第　　组	组长签字	
	教师签字		日　　期		
实施的评价	评语：				

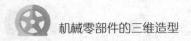

5. 排列绘图步骤的检查单

学习情境名称	跑车模型前翼的三维造型		学　时	4 学时
典型工作过程描述	1. 填写图纸检验单—**2. 排列绘图步骤**—3. 进行三维造型—4. 审订三维模型—5. 交付客户验收			
序　号	检查项目 （具体步骤的检查）	检查标准	小组自查 （检查是否完成以下步骤，完成打√，没完成打×）	小组互查 （检查是否完成以下步骤，完成打√，没完成打×）
1	拆分图纸特征	拆分出 4 个拉伸特征。		
2	确定特征草图	从剖视图中确定前翼外形拉伸特征的草图。		
3	排列造型顺序	多次用拉伸命令绘制出前翼的三维造型。		
4	审订造型顺序	通过小组讨论确定最优绘图方案：绘制拉伸特征所有草图—多次用拉伸命令完成前翼的三维造型。		

	班　级		第　　组	组长签字	
	教师签字		日　　期		
检查的评价	评语：				

6. 排列绘图步骤的评价单

学习情境名称	跑车模型前翼的三维造型		学　时	4 学时
典型工作过程描述	1. 填写图纸检验单—**2. 排列绘图步骤**—3. 进行三维造型—4. 审订三维模型—5. 交付客户验收			
评 价 项 目	评 分 维 度	组长对每组的评分		教 师 评 价
小组 1 排列绘图步骤的阶段性结果	合理、完整、高效			
小组 2 排列绘图步骤的阶段性结果	合理、完整、高效			
小组 3 排列绘图步骤的阶段性结果	合理、完整、高效			
小组 4 排列绘图步骤的阶段性结果	合理、完整、高效			

	班　级		第　　组	组长签字	
	教师签字		日　期		
评价的评价	评语：				

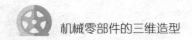

任务三　进行三维造型

1. 进行三维造型的资讯单

学习情境名称	跑车模型前翼的三维造型	学　时	4 学时
典型工作过程描述	1. 填写图纸检验单—2. 排列绘图步骤—**3. 进行三维造型**—4. 审订三维模型—5. 交付客户验收		
收集资讯的方式	（1）查看客户需求单。 （2）查看教师提供的学习性工作任务单。 （3）查看客户提供的模型图纸 SC-02。 （4）查看学习通平台上的"机械零部件的三维造型"课程中情境 3 前翼的三维造型的拉伸特征等微课资源。		
资讯描述	（1）让学生查看客户需求单，明确前翼三维造型的要求。 （2）在 UG NX 软件中新建模型文件，选择软件中使用的模型模块。 （3）根据前翼的零件图绘制出前翼的特征_____。 （4）学习_____特征的微课，完成前翼的_____。 （5）_____前翼的三维特征是否正确，如果不正确，可以修改、编辑特征。		
对学生的要求	（1）学生能根据客户订单使用拉伸命令完成前翼的三维造型。 （2）学生会熟练设置特征的参数并完成三维造型。 （3）学生在绘图过程中养成及时_____图档的习惯，防止图档丢失。		
参考资料	（1）教师提供的学习性工作任务单。 （2）学习通平台上的"机械零部件的三维造型"课程中情境 3 前翼三维造型的拉伸特征等微课资源。 （3）《中文版 UG NX 12.0 从入门到精通（实战案例版）》，中国水利水电出版社，2018 年 9 月，212～218 页。		
资讯的评价	班　级		第　组	组长签字	
	教师签字		日　期		
	评语：				

2. 进行三维造型的计划单

学习情境名称	跑车模型前翼的三维造型	学　　时	4 学时
典型工作过程描述	1. 填写图纸检验单—2. 排列绘图步骤—**3.** 进行三维造型—4. 审订三维模型—5. 交付客户验收		
计划制订的方式	（1）查看教师提供的教学资料。 （2）通过资料自行试操作。		

序　号	具体工作步骤	注　意　事　项
1	创建模型_____	将文件保存到对应的文件夹下面。
2	创建特征_____	前翼所有特征草图。
3	选择造型特征	用拉伸命令完成前翼的三维造型。
4	_____特征参数	拉伸_____设置：起始值、终止值。
5	审订_____特征	查看客户需求单和客户提供的模型图纸。
6	保存三维造型	文件保存的位置、格式。

	班　级		第　组	组长签字	
	教师签字		日　期		
计划的评价	评语：				

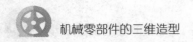

机械零部件的三维造型

3. 进行三维造型的决策单

学习情境名称	跑车模型前翼的三维造型	学 时	4 学时
典型工作过程描述	1. 填写图纸检验单—2. 排列绘图步骤—**3. 进行三维造型**—4. 审订三维模型—5. 交付客户验收		
序号	以下哪项是完成"3.进行三维造型"这个典型工作环节的正确步骤？	正确与否 （正确打√，错误打×）	
1	1. 创建模型文件—2. 创建特征草图—3. 选择造型特征—4. 设置特征参数—5. 审订造型特征—6. 保存三维造型		
2	1. 选择造型特征—2. 创建特征草图—3. 创建模型文件—4. 设置特征参数—5. 审订造型特征—6. 保存三维造型		
3	1. 创建特征草图—2. 创建模型文件—3. 选择造型特征—4. 设置特征参数—5. 审订造型特征—6. 保存三维造型		
4	1. 审订造型特征—2. 创建特征草图—3. 选择造型特征—4. 设置特征参数—5. 创建模型文件—6. 保存三维造型		

	班 级		第 组	组长签字	
	教师签字		日 期		
决策的评价	评语：				

4. 进行三维造型的实施单

学习情境名称	跑车模型前翼的三维造型	学　　时	4 学时
典型工作过程描述	1. 填写图纸检验单—2. 排列绘图步骤—3. 进行三维造型—4. 审订三维模型—5. 交付客户验收		

序　号	实施的具体步骤	注　意　事　项	自　评
1		将文件保存到对应的文件夹下面。	
2		前翼 4 个拉伸特征的草图。	
3		用拉伸命令完成前翼的三维造型。	
4		拉伸参数设置：起始值、终止值。	
5		查看客户需求单和客户提供的模型图纸。	
6		文件保存的位置、格式。	

实施说明：

（1）创建模型文件时，注意文件的命名。

（2）创建特征草图时，注意尺寸标注位置与模型图纸一致，方便检查。

（3）创建前翼的三维造型时，注意顺序。

（4）设置特征参数时，要明白参数所表达的意思。

（5）审订造型特征时，一定要认真阅读客户需求单和客户提供的模型图纸。

（6）保存三维造型时，注意查看保存的位置。

	班　　级		第　　组	组长签字	
	教师签字		日　　期		
实施的评价	评语：				

5. 进行三维造型的检查单

学习情境名称	跑车模型前翼的三维造型		学　时	4 学时
典型工作过程 描述	1. 填写图纸检验单—2. 排列绘图步骤—**3. 进行三维造型**—4. 审订三维 模型—5. 交付客户验收			

序　号	检查项目 （具体步骤的检查）	检 查 标 准	小组自查 （检查是否完成以 下步骤，完成打√， 没完成打×）	小组互查 （检查是否完成以 下步骤，完成打✓， 没完成打×）
1	创建模型文件	将文件保存到对应的文件 夹下面。		
2	创建特征草图	前翼 4 个拉伸特征的草图。		
3	选择造型特征	用拉伸命令完成前翼的三 维造型。		
4	设置特征参数	拉伸参数设置：起始值、 终止值。		
5	审订造型特征	查看客户需求单和客户提 供的模型图纸。		
6	保存三维造型	文件保存的位置、格式。		

	班　级		第　　　组	组长签字	
	教师签字		日　　期		
检查的评价	评语：				

6. 进行三维造型的评价单

学习情境名称	跑车模型前翼的三维造型		学　　时	4 学时
典型工作过程描述	1. 填写图纸检验单—2. 排列绘图步骤—**3. 进行三维造型**—4. 审订三维模型—5. 交付客户验收			
评价项目	评分维度	组长对每组的评分		教师评价
小组 1 进行三维造型的阶段性结果	美观、时效、完整			
小组 2 进行三维造型的阶段性结果	美观、时效、完整			
小组 3 进行三维造型的阶段性结果	美观、时效、完整			
小组 4 进行三维造型的阶段性结果	美观、时效、完整			
评价的评价	班　　级		第　　组	组长签字	
	教师签字		日　　期		
	评语:				

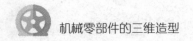

任务四　审订三维模型

1. 审订三维模型的资讯单

学习情境名称	跑车模型前翼的三维造型	学　时	4 学时
典型工作过程描述	1. 填写图纸检验单—2. 排列绘图步骤—3. 进行三维造型—4. 审订三维模型—5. 交付客户验收		
收集资讯的方式	（1）观察教师现场示范。 （2）查看客户需求单的模型图纸。 （3）查看教师提供的学习性工作任务单。		
资讯描述	（1）观察教师示范，学会如何检查_____及参数设置。 （2）通过客户需求单的前翼模型图纸，检查前翼外形尺寸_____、16、_____，中间骨尺寸_____、4、$R4$ 是否正确。 （3）_____模型草图隐藏、着色效果和渲染效果。 （4）通过客户需求单的前翼模型图纸，检查模型特征。		
对学生的要求	（1）学生能根据客户需求单的模型图纸检查特征是否正确。 （2）学生能根据客户需求单的模型图纸检查草图尺寸是否正确。 （3）学生能检查模型草图隐藏、着色效果和渲染效果。 （4）学生能检查文件的格式是否与客户需求单的要求一致。 （5）学生具有耐心、仔细的态度。		
参考资料	（1）客户需求单。 （2）客户提供的前翼模型图纸 SC-02。 （3）学习性工作任务单。		

班　级		第　　组		组长签字	
教师签字		日　　期			
资讯的评价	评语：				

2. 审订三维模型的计划单

学习情境名称	跑车模型前翼的三维造型	学　时	4 学时
典型工作过程描述	1. 填写图纸检验单—2. 排列绘图步骤—3. 进行三维造型—**4. 审订三维模型**—5. 交付客户验收		
计划制订的方式	（1）查看客户需求单。 （2）查看学习性工作任务单。		

序　号	具体工作步骤	注 意 事 项
1	_____模型特征	注意拉伸参数设置：起始值、终止值。
2	审订模型_____	草图尺寸_____方式与模型图纸一致。
3	审订模型效果	检查模型草图隐藏、_____效果和渲染效果。
4	审订_____格式	是否按客户需求单的要求保存。

	班　级		第　组	组长签字	
	教师签字		日　期		
计划的评价	评语：				

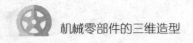

3. 审订三维模型的决策单

学习情境名称	跑车模型前翼的三维造型	学　时	4 学时
典型工作过程描述	1. 填写图纸检验单—2. 排列绘图步骤—3. 进行三维造型—**4. 审订三维模型**—5. 交付客户验收		
序　号	以下哪项是完成"4. 审订三维模型"这个典型工作环节的正确步骤？		正确与否 （正确打√，错误打×）
1	1. 审订模型尺寸—2. 审订模型特征—3. 审订模型效果—4. 审订文件格式		
2	1. 审订模型特征—2. 审订模型尺寸—3. 审订模型效果—4. 审订文件格式		
3	1. 审订模型效果—2. 审订模型尺寸—3. 审订模型特征—4. 审订文件格式		
4	1. 审订模型特征—2. 审订文件格式—3. 审订模型效果—4. 审订模型尺寸		

	班　级		第　组	组长签字	
	教师签字		日　期		
决策的评价	评语：				

4. 审订三维模型的实施单

学习情境名称	跑车模型前翼的三维造型		学　时	4 学时
典型工作过程描述	1. 填写图纸检验单—2. 排列绘图步骤—3. 进行三维造型—4. 审订三维模型—5. 交付客户验收			
序　号	实施的具体步骤	注　意　事　项		自　评
1		注意拉伸参数设置：起始值、终止值。		
2		草图尺寸标注方式与模型图纸一致。		
3		检查模型草图隐藏、着色效果和渲染效果。		
4		是否按客户需求单的要求保存。		

实施说明：

（1）审订特征时，注意检查拉伸的参数设置。

（2）审订模型尺寸时，注意草图尺寸与模型图纸，要准确无误。

（3）审订模型效果时，要完成模型草图隐藏、着色效果和渲染效果。

（4）审订文件格式时，要注意查看客户需求单，另存为.stp 格式。

	班　级		第　组	组长签字	
	教师签字		日　期		
实施的评价	评语：				

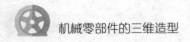

5. 审订三维模型的检查单

学习情境名称	跑车模型前翼的三维造型		学　时	4 学时
典型工作过程描述	1. 填写图纸检验单—2. 排列绘图步骤—3. 进行三维造型—**4. 审订三维模型**—5. 交付客户验收			
序　号	检查项目 （具体步骤的检查）	检查标准	小组自查 （检查是否完成以下步骤，完成打√，没完成打×）	小组互查 （检查是否完成以下步骤，完成打√，没完成打×）
1	审订模型特征	前翼的特征。		
2	审订模型尺寸	草图尺寸标注方式与模型图纸一致。		
3	审订模型效果	模型草图隐藏、着色效果和渲染效果。		
4	审订文件格式	软件原始格式、.stp 格式。		

检查的评价	班　　级		第　　组	组长签字	
	教师签字		日　　期		
	评语：				

6. 审订三维模型的评价单

学习情境名称	跑车模型前翼的三维造型		学　　时	4 学时
典型工作过程描述	1. 填写图纸检验单—2. 排列绘图步骤—3. 进行三维造型—**4. 审订三维模型**—5. 交付客户验收			
评 价 项 目	评 分 维 度	组长对每组的评分		教 师 评 价
小组 1 审订三维模型的阶段性结果	速度、严谨、正确性			
小组 2 审订三维模型的阶段性结果	速度、严谨、正确性			
小组 3 审订三维模型的阶段性结果	速度、严谨、正确性			
小组 4 审订三维模型的阶段性结果	速度、严谨、正确性			
评价的评价	班　　级　　　　　　　　　　第　　组　　组长签字			
	教师签字　　　　　　　　　　日　　期			
	评语：			

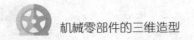

任务五　交付客户验收

1. 交付客户验收的资讯单

学习情境名称		跑车模型前翼的三维造型		学　时	4 学时
典型工作过程描述		1. 填写图纸检验单—2. 排列绘图步骤—3. 进行三维造型—4. 审订三维模型—**5. 交付客户验收**			
收集资讯的方式		（1）查看客户需求单。 （2）客户订单资料的存档归类演示。 （3）查看教师提供的学习性工作任务单。			
资讯描述		（1）查看客户需求单，明确客户的要求。 （2）查看验收单收集案例，明确验收单收集的内容。 （3）明确满足客户要求的资料内容。 （4）查询资料，明确客户订单资料的存档方法。			
对学生的要求		（1）仔细核对客户验收单是否满足交付的条件，履行契约精神。 （2）学会归还客户订单原始资料，包括图纸_____张、模型数据等，确保_____资料完好。 （3）学会交付满足客户要求的资料，包括_____造型电子档 1 份、三维造型图 1 份等，做到细心、准确。 （4）学会收回_____约定的验收单，包括原始资料归还的签收单、三维造型图的验收单、客户满意度反馈表等，在交付过程中做到诚实守信。 （5）学会将客户的订单资料存档，并做好文档归类，以方便查阅。			
参考资料		（1）客户需求单。 （2）客户提供的模型图纸 SC-02。 （3）学习性工作任务单。			
	班　级		第　组	组长签字	
	教师签字		日　期		
资讯的评价	评语： 				

2. 交付客户验收的计划单

学习情境名称	跑车模型前翼的三维造型		学　　时	4 学时
典型工作过程描述	1. 填写图纸检验单—2. 排列绘图步骤—3. 进行三维造型—4. 审订三维模型—**5. 交付客户验收**			
计划制订的方式	（1）核对客户验收单是否满足交付条件。 （2）归还客户图纸、模型数据等原始资料。 （3）交付三维造型电子档、三维造型效果图等资料。 （4）收回原始资料归还的签收单、三维造型图的验收单、客户满意度反馈表等。 （5）将客户验收单、三维造型电子档归档。			
序　　号	具体工作步骤		注 意 事 项	
1	＿＿＿＿客户验收单		查看客户验收单，确定是否可以交付。	
2	＿＿＿＿客户订单原始资料		图纸 1 张、模型数据。	
3	＿＿＿＿＿造型图等资料		三维造型电子档 1 份、三维造型效果图 1 份。	
4	＿＿＿＿＿客户验收单		原始资料归还的签收单、三维造型图的验收单、客户满意度反馈表。	
5	＿＿＿＿＿订单资料		客户验收单、三维造型电子档存档规范。	
计划的评价	班　　级		第　　组	组长签字	
	教师签字		日　　期		
	评语：				

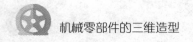

3. 交付客户验收的决策单

学习情境名称	跑车模型前翼的三维造型	学　时	4 学时
典型工作过程 描述	1. 填写图纸检验单—2. 排列绘图步骤—3. 进行三维造型—4. 审订三维模型—5. 交付客户验收		
序　号	以下哪项是完成"5. 交付客户验收"这个典型工作环节的正确步骤？		正确与否 （正确打√，错误打×）
1	1. 收回客户验收单—2. 归还客户订单原始资料—3. 交付造型图等资料—4. 核对客户验收单—5. 归档订单资料		
2	1. 交付造型图等资料—2. 归还客户订单原始资料—3. 核对客户验收单—4. 收回客户验收单—5. 归档订单资料		
3	1. 核对客户验收单—2. 归还客户订单原始资料—3. 交付造型图等资料—4. 收回客户验收单—5. 归档订单资料		
4	1. 归档订单资料—2. 归还客户订单原始资料—3. 交付造型图等资料—4. 收回客户验收单—5. 核对客户验收单		

决策的评价	班　级		第　组	组长签字	
	教师签字		日　期		
	评语：				

4. 交付客户验收的实施单

学习情境名称	跑车模型前翼的三维造型		学　　时	4 学时	
典型工作过程 描述	1. 填写图纸检验单—2. 排列绘图步骤—3. 进行三维造型—4. 审订三维模型— 5. 交付客户验收				
序　　号	实施的具体步骤	注 意 事 项		自　　评	
1		查看客户验收单,确定是否可以 交付。			
2		图纸 1 张、模型数据。			
3		三维造型电子档 1 份、三维造型 效果图 1 份。			
4		原始资料归还的签收单、三维造 型图的验收单、客户满意度反馈表。			
5		客户验收单、三维造型电子档存 档规范。			

实施说明:

(1)学生要认真、仔细地核对客户验收单,保证交付正确。

(2)学生要归还客户提供的所有原始资料,可以跟签收单对照。

(3)学生要交付三维造型、纸质资料等。

(4)学生要明确收回哪些单据。

(5)学生在归档订单资料时,资料整理一定要规范,以方便查找。

	班　　级		第　　组	组长签字	
	教师签字		日　　期		
实施的评价	评语:				

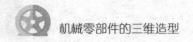

5. 交付客户验收的检查单

学习情境名称	跑车模型前翼的三维造型		学　　时	4 学时
典型工作过程描述	1. 填写图纸检验单—2. 排列绘图步骤—3. 进行三维造型—4. 审订三维模型—**5. 交付客户验收**			
序　　号	检查项目 （具体步骤的检查）	检查标准	小组自查 （检查是否完成以下步骤，完成打√，没完成打×）	小组互查 （检查是否完成以下步骤，完成打√，没完成打×）
1	核对客户验收单	客户验收单满足交付条件。		
2	归还客户订单原始资料	图纸 1 张、模型数据。		
3	交付造型图等资料	三维造型电子档1 份、三维造型效果图 1 份。		
4	收回客户验收单	原始资料归还的签收单、三维造型图的验收单、客户满意度反馈表。		
5	归档订单资料	客户验收单、三维造型电子档存档规范。		
检查的评价	班　　级		第　　组	组长签字	
	教师签字		日　　期		
	评语：				

6. 交付客户验收的评价单

学习情境名称		跑车模型前翼的三维造型			学　时	4 学时
典型工作过程描述		1. 填写图纸检验单—2. 排列绘图步骤—3. 进行三维造型—4. 审订三维模型—**5. 交付客户验收**				
评价项目	评分维度	组长对每组的评分			教师评价	
小组 1 交付客户验收的阶段性结果	诚信、完整、时效					
小组 2 交付客户验收的阶段性结果	诚信、完整、时效					
小组 3 交付客户验收的阶段性结果	诚信、完整、时效					
小组 4 交付客户验收的阶段性结果	诚信、完整、时效					

	班　级		第　　组	组长签字	
	教师签字		日　期		
评价的评价	评语：				

学习情境四　跑车模型后翼的三维造型

客户需求单

客户需求

公司为展示跑车后翼模型的三维效果，委托我校用 UG NX 12.0 对跑车后翼进行三维造型。

（1）根据企业提供的跑车模型后翼图纸，完成三维造型。

（2）请在 1.5 小时内完成，完成后提交跑车后翼的三维造型电子档（.prt 和.stp 格式）。

客户图纸

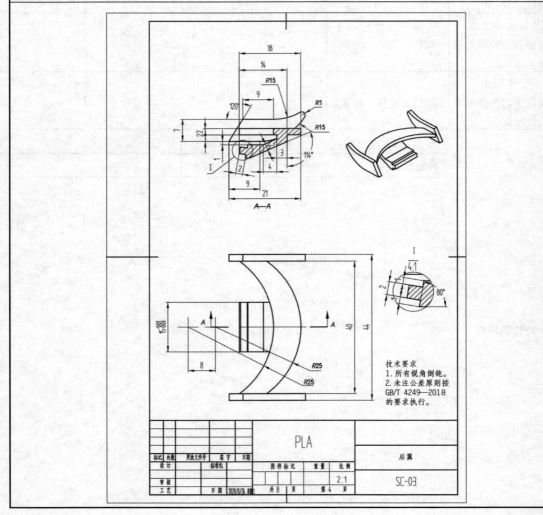

学习性工作任务单

学习情境名称	跑车模型后翼的三维造型	学　时	4 学时
典型工作过程描述	1. 填写图纸检验单—2. 排列绘图步骤—3. 进行三维造型—4. 审订三维模型—5. 交付客户验收		
学习目标	**1. 填写图纸检验单** 1.1　填写图纸标题栏信息； 1.2　填写图纸的视图； 1.3　填写图纸的尺寸； 1.4　填写图纸的公差； 1.5　填写图纸的技术要求。 **2. 排列绘图步骤** 2.1　拆分图纸特征； 2.2　确定特征草图； 2.3　排列造型顺序； 2.4　审订造型顺序。 **3. 进行三维造型** 3.1　创建模型文件； 3.2　创建特征草图； 3.3　选择造型特征； 3.4　设置特征参数； 3.5　审订造型特征； 3.6　保存三维造型。 **4. 审订三维模型** 4.1　审订模型特征； 4.2　审订模型尺寸； 4.3　审订模型效果； 4.4　审订文件格式。 **5. 交付客户验收** 5.1　核对客户验收单； 5.2　归还客户订单原始资料； 5.3　交付造型图等资料； 5.4　收回客户验收单； 5.5　归档订单资料。		
任务描述	（1）填写图纸检验单。第一，通过查看客户需求单，让学生从 8 页图纸中找到第 4 页的后翼模型图纸。第二，让学生了解跑车后翼图由剖视图、主视图、三维效果图、局部放大图组成。第三，从剖视图中得知后翼翘膀尺寸为 7、9、R15、120°，中间骨尺寸为 18、14、2、3、4、12、114°；从主视图中得知中间骨外形尺寸为 40、R25、R25。第四，从主视图中可以看出与车身装配的公差为 $15^{-0.01}_{-0.03}$。第五，从技术要求中可知所有锐角倒钝，未注公差原则按 GB/T 4249—2018 的要求执行。		

任务描述	（2）排列绘图步骤。第一，从跑车后翼图中拆分出各部分组成的特征。第二，从视图中确定各特征的草图。第三，让学生明白特征构建顺序：中间骨装配位特征—中间骨特征—后翼趋膀特征。第四，让学生明白绘图步骤：绘制特征草图—用拉伸命令完成后翼特征—通过布尔运算组合特征。 （3）进行三维造型。第一，打开 UG NX 软件，从模型中新建文件。第二，创建后翼特征草图。第三，根据上述草图，使用拉伸命令完成后翼的构建。第四，让学生明白拉伸参数设置：起始值、终止值。第五，查看特征是否正确，确保无误后，保存三维造型。 （4）审订三维模型。第一，审订模型的拉伸特征。第二，检查后翼趋膀尺寸 7、9、$R15$、120°，中间骨尺寸 18、14、2、3、4、12、114°，中间骨外形尺寸 40、$R25$、$R25$。第三，检查模型草图隐藏、着色效果和渲染效果。第四，检查文件的格式是否与客户需求单的要求一致。 （5）交付客户验收。第一，核对客户验收单是否满足交付条件。第二，归还客户订单原始资料，包括图纸 1 张、模型数据等，保证原始资料的完整。第三，交付满足客户要求的三维造型电子档 1 份、三维造型效果图 1 份。第四，收回双方约定的验收单，包括原始资料归还的签收单、三维造型图的验收单、客户满意度反馈表等。第五，将客户的订单资料存档，包括客户验收单、三维造型电子档等，注意对客户资料的保密等特定要求。

学时	资讯 0.4 学时	计划 0.4 学时	决策 0.4 学时	实施 2 学时	检查 0.4 学时	评价 0.4 学时

对学生的要求	（1）填写图纸检验单。第一，学生查看客户订单后，能看懂图纸信息，包括视图、尺寸、公差等。第二，填写检验单时，要具有一丝不苟的精神，对技术要求等认真查看、填写。 （2）排列绘图步骤。第一，根据跑车后翼图进行特征拆分。第二，通过视图确定各特征的草图。第三，学生能明白特征构建顺序：中间骨装配位特征—中间骨特征—后翼趋膀特征。第四，学生能明白绘图步骤：绘制特征草图—用拉伸命令完成后翼特征—通过布尔运算组合特征。第五，学生要不断优化绘图步骤，提高绘图的效率。 （3）进行三维造型。第一，学生能根据客户订单使用拉伸命令完成后翼的三维造型。第二，学生会熟练设置特征的参数并完成三维造型。第三，学生在绘图过程中养成及时保存图档的习惯。 （4）审订三维模型。第一，学生能根据客户订单检查特征是否正确，检查草图尺寸是否正确。第二，学生会检查模型草图隐藏、着色效果和渲染效果。第三，学生会检查文件的格式是否与客户需求单的要求一致。第四，学生应具有耐心、仔细的态度。 （5）交付客户验收。第一，仔细核对客户验收单是否满足交付的条件，履行契约精神。第二，学会归还客户订单原始资料，包括图纸 1 张、模型数据等，确保原始资料完好。第三，学会交付满足客户要求的资料，包括三维造型电子档 1 份、三维造型效果图 1 份等，做到细心、准确。第四，学会收回双方约定的验收单，包括原始资料归还的签收单、三维造型图的验收单、客户满意度反馈表等，在交付过程中做到诚实守信。第五，学生需要将客户的订单资料存档，并做好文档归类，以方便查阅。

参考资料	（1）客户需求单。 （2）客户提供的模型图纸 SC-03。 （3）学习通平台上的"机械零部件的三维造型"课程中情境 4 后翼的三维造型教学资源。 （4）《中文版 UG NX 12.0 从入门到精通（实战案例版）》，中国水利水电出版社，2018 年 9 月，212～218 页。					
教学和学习 方式与流程	典型工作环节	教学和学习的方式				
	1. 填写图纸检验单	资讯	计划	决策	实施	检查	评价
	2. 排列绘图步骤	资讯	计划	决策	实施	检查	评价
	3. 进行三维造型	资讯	计划	决策	实施	检查	评价
	4. 审订三维模型	资讯	计划	决策	实施	检查	评价
	5. 交付客户验收	资讯	计划	决策	实施	检查	评价

材料工具清单

学习情境名称	跑车模型后翼的三维造型				学　时	4 学时	
典型工作过程 描述	1. 填写图纸检验单—2. 排列绘图步骤—3. 进行三维造型—4. 审订三维模型—5. 交付客户验收						
典型 工作过程	序　号	名　称	作　用	数　量	型　号	使用量	使用者
1. 填写图纸 检验单	1	后翼图纸	参考	1 张		1 张	学生
	2	圆珠笔	填表	1 支		1 支	学生
2. 排列绘图 步骤	3	本子	排列步骤	1 本		1 本	学生
3. 进行三维 造型	4	机房	上课	1 间		1 间	学生
	5	UG NX 12.0	绘图	1 套		1 套	学生
5. 交付客户 验收	6	文件夹	存档	1 个		1 个	学生
班　级		第　　组			组长签字		
教师签字		日　期					

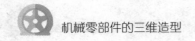 机械零部件的三维造型

任务一　填写图纸检验单

1. 填写图纸检验单的资讯单

学习情境名称	跑车模型后翼的三维造型	学　时	4 学时
典型工作过程描述	**1.** 填写图纸检验单—2. 排列绘图步骤—3. 进行三维造型—4. 审订三维模型—5. 交付客户验收		
收集资讯的方式	（1）查看客户需求单。 （2）查看客户提供的模型图纸。 （3）查看教师提供的学习性工作任务单。		
资讯描述	（1）公司为了展示跑车后翼模型的三维效果，委托我校用 UG NX 12.0 对跑车后翼进行三维造型。 （2）通过查看客户需求单，让学生从 8 页图纸中找到第 4 页（后翼）图纸。 （3）读懂后翼的视图，从_____中得知后翼翘膀尺寸 7、9、_____、_____，中间骨尺寸 18、14、2、3、4、12、114°；从主视图中得知中间骨外形尺寸_____、_____、$R25$。 （4）观察客户提供的跑车模型后翼图，从主视图中可以看出与车身装配的公差为 $15^{-0.01}_{-0.03}$，从技术要求中可知所有锐角倒钝，未注公差原则按 GB/T 4249—2018 的要求执行。		
对学生的要求	（1）学会查看客户需求单。 （2）能读懂后翼的视图和尺寸。 （3）会分析尺寸公差以及技术要求等。 （4）填写检验单时要具备一丝不苟的精神。		
参考资料	（1）客户需求单。 （2）客户提供的模型图纸 SC-03。		

班　级		第　组		组长签字	
教师签字		日　期			

资讯的评价	评语：

2. 填写图纸检验单的计划单

学习情境名称	跑车模型后翼的三维造型		学　时	4 学时
典型工作过程描述	**1. 填写图纸检验单**—2. 排列绘图步骤—3. 进行三维造型—4. 审订三维模型—5. 交付客户验收			
计划制订的方式	（1）查看客户订单。 （2）查看学习性工作任务单。 （3）查阅机械制图有关资料。			

序　号	具体工作步骤	注 意 事 项
1	填写图纸标题栏信息	从标题栏中读取图纸信息，包括零件名、_____、图纸第 4 页（共 8 页）等。
2	填写图纸的视图	剖视图、_____、三维效果图、局部放大图。
3	填写图纸的尺寸	后翼翘膀尺寸 7、9、$R15$、120°，中间骨尺寸 18、14、2、3、4、12、114°，中间骨外形尺寸____、$R25$、$R25$。
4	填写图纸的公差	与车身装配的公差为_____。
5	填写图纸的技术要求	所有锐角倒钝，未注公差原则按_____的要求执行。

班　级		第　　组		组长签字	
教师签字		日　　期			

	评语：
计划的评价	

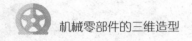

3. 填写图纸检验单的决策单

学习情境名称	跑车模型后翼的三维造型	学 时	4 学时
典型工作过程描述	**1. 填写图纸检验单**—2. 排列绘图步骤—3. 进行三维造型—4. 审订三维模型—5. 交付客户验收		
序 号	以下哪项是完成"1.填写图纸检验单"这个典型工作环节的正确步骤？		正确与否（正确打√，错误打×）
1	1. 填写图纸的视图—2. 填写图纸标题栏信息—3. 填写图纸的尺寸—4. 填写图纸的公差—5. 填写图纸的技术要求		
2	1. 填写图纸标题栏信息—2. 填写图纸的视图—3. 填写图纸的尺寸—4. 填写图纸的公差—5. 填写图纸的技术要求		
3	1. 填写图纸的尺寸—2. 填写图纸的视图—3. 填写图纸标题栏信息—4. 填写图纸的公差—5. 填写图纸的技术要求		
4	1. 填写图纸的尺寸—2. 填写图纸标题栏信息—3. 填写图纸的视图—4. 填写图纸的公差—5. 填写图纸的技术要求		

	班 级		第 组	组长签字	
	教师签字		日 期		
决策的评价	评语：				

4. 填写图纸检验单的实施单

学习情境名称	跑车模型后翼的三维造型	学　时	4学时
典型工作过程描述	**1. 填写图纸检验单**—2. 排列绘图步骤—3. 进行三维造型—4. 审订三维模型—5. 交付客户验收		

序　号	实施的具体步骤	注 意 事 项	自　评
1		从标题栏中读取图纸信息，包括零件名、零件编号、图纸第4页（共8页）等。	
2		剖视图、主视图、三维效果图、局部放大图。	
3		后翼翘膀尺寸7、9、$R15$、120°，中间骨尺寸18、14、2、3、4、12、114°，中间骨外形尺寸40、$R25$、$R25$。	
4		与车身装配的公差为$15^{-0.01}_{-0.03}$。	
5		所有锐角倒钝，未注公差原则按GB/T 4249—2018的要求执行。	

实施说明：

（1）查看客户需求单后，填写图纸_____页。

（2）查看客户需求单后，填写图纸视图是否表达完整：_____。

（3）通过小组讨论，填写图纸的后翼尺寸是否完整：_____。如不完整，标出_____。

（4）通过小组讨论，填写图纸的装配公差：_____。

（5）通过小组讨论，填写图纸的技术要求：_____。

	班　级		第　组		组长签字	
	教师签字		日　期			
实施的评价	评语：					

机械零部件的三维造型

5. 填写图纸检验单的检查单

学习情境名称	跑车模型后翼的三维造型		学　时	4 学时
典型工作过程描述	**1.** 填写图纸检验单—2. 排列绘图步骤—3. 进行三维造型—4. 审订三维模型—5. 交付客户验收			
序　号	检查项目 （具体步骤的检查）	检查标准	小组自查 （检查是否完成以下步骤，完成打√，没完成打×）	小组互查 （检查是否完成以下步骤，完成打√，没完成打×）
1	填写图纸标题栏信息	零件名、零件编号、图纸第 4 页（共 8 页）等。		
2	填写图纸的视图	剖视图、主视图、三维效果图、局部放大图。		
3	填写图纸的尺寸	后翼翅膀尺寸 7、9、$R15$、120°，中间骨尺寸 18、14、2、3、4、12、114°，中间骨外形尺寸 40、$R25$、$R25$。		
4	填写图纸的公差	与车身装配的公差为 $15^{-0.01}_{-0.03}$。		
5	填写图纸的技术要求	所有锐角倒钝，未注公差原则按 GB/T 4249—2018 的要求执行。		

	班　级		第　组	组长签字	
	教师签字		日　期		
检查的评价	评语：				

112

6. 填写图纸检验单的评价单

学习情境名称	跑车模型后翼的三维造型	学　时	4 学时
典型工作过程描述	**1. 填写图纸检验单**—2. 排列绘图步骤—3. 进行三维造型—4. 审订三维模型—5. 交付客户验收		
评价项目	评分维度	组长对每组的评分	教师评价
小组 1 填写图纸检验单的阶段性结果	合理、完整、高效		
小组 2 填写图纸检验单的阶段性结果	合理、完整、高效		
小组 3 填写图纸检验单的阶段性结果	合理、完整、高效		
小组 4 填写图纸检验单的阶段性结果	合理、完整、高效		

评价的评价	班　级		第　　组	组长签字	
	教师签字		日　期		
	评语：				

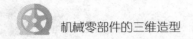

任务二　排列绘图步骤

1. 排列绘图步骤的资讯单

学习情境名称	跑车模型后翼的三维造型		学　时	4 学时
典型工作过程描述	1. 填写图纸检验单—**2. 排列绘图步骤**—3. 进行三维造型—4. 审订三维模型—5. 交付客户验收			
收集资讯的方式	（1）查看客户需求单。 （2）查看教师提供的学习性工作任务单。 （3）查看客户提供的模型图纸。 （4）查看学习通平台上的"机械零部件的三维造型"课程中情境 4 后翼的三维造型教学资源。			
资讯描述	（1）让学生从跑车后翼图中拆分出各个特征。 （2）从视图中确定各特征的_____。 （3）让学生明白特征构建顺序：中间骨_____特征—中间骨特征—后翼特征。 （4）让学生明白绘图步骤：绘制特征草图—用拉伸命令完成后翼的造型—通过_____运算组合特征。			
对学生的要求	（1）从跑车后翼图中拆分出各部分组成的特征。 （2）从主视图和剖视图中确定各特征的草图。 （3）明白特征构建顺序：中间骨装配位特征—中间骨特征—后翼翅膀特征。 （4）明白绘图步骤：绘制特征草图—用拉伸和镜像命令完成后翼特征—通过布尔运算组合特征。 （5）学生要不断优化绘图步骤，提高绘图的效率。			
参考资料	（1）客户需求单。 （2）跑车模型零件图 SC-03。 （3）学习通平台上的"机械零部件的三维造型"课程中情境 4 后翼的三维造型教学资源。			
资讯的评价	班　级		第　　组	组长签字	
	教师签字		日　期		
	评语：				

2. 排列绘图步骤的计划单

学习情境名称	跑车模型后翼的三维造型	学 时	4 学时
典型工作过程 描述	1. 填写图纸检验单—**2. 排列绘图步骤**—3. 进行三维造型—4. 审订三维模型—5. 交付客户验收		
计划制订的方式	（1）咨询教师。 （2）上网查看类似零件绘图步骤。		

序　号	具体工作步骤	注 意 事 项
1	＿＿＿图纸特征	拆分出 4 个拉伸特征。
2	确定特征草图	从视图中确定 4 个特征的草图。
3	排列造型＿＿＿＿	中间骨装配位特征—＿＿＿＿＿＿特征—后翼翅膀特征。
4	审订造型顺序	绘制特征＿＿＿＿＿—用＿＿＿＿＿命令完成后翼特征—通过布尔运算组合特征。

班　级		第　组		组长签字	
教师签字		日　期			

计划的评价	评语：

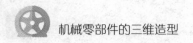 机械零部件的三维造型

3. 排列绘图步骤的决策单

学习情境名称	跑车模型后翼的三维造型	学　时	4 学时
典型工作过程描述	1. 填写图纸检验单—**2. 排列绘图步骤**—3. 进行三维造型—4. 审订三维模型—5. 交付客户验收		
序　号	以下哪项是完成"2.排列绘图步骤"这个典型工作环节的正确步骤？		正确与否（正确打√，错误打×）
1	1. 拆分图纸特征—2. 确定特征草图—3. 排列造型顺序—4. 审订造型顺序		
2	1. 确定特征草图—2. 拆分图纸特征—3. 排列造型顺序—4. 审订造型顺序		
3	1. 确定特征草图—2. 审订造型顺序—3. 排列造型顺序—4. 拆分图纸特征		
4	1. 审订造型顺序—2. 拆分图纸特征—3. 排列造型顺序—4. 确定特征草图		

	班　级		第　　组	组长签字	
	教师签字		日　期		
决策的评价	评语：				

116

4. 排列绘图步骤的实施单

学习情境名称	跑车模型后翼的三维造型		学　时	4 学时
典型工作过程描述	1. 填写图纸检验单—**2. 排列绘图步骤**—3. 进行三维造型—4. 审订三维模型—5. 交付客户验收			
序　号	实施的具体步骤	注　意　事　项	自　　评	
1		拆分出 4 个拉伸特征。		
2		从主视图和剖视图中确定 4 个拉伸特征的草图。		
3		中间骨装配位特征—中间骨特征—后翼翅膀特征。		
4		绘制特征草图—用拉伸和镜像命令完成后翼特征的三维造型—通过布尔运算组合特征。		

实施说明:

（1）分析后翼的剖视图、主视图、三维效果图、局部放大图，拆分出各个特征。

（2）画出各个特征草图：从主视图和剖视图中确定各个特征的草图。

（3）按照先整体后局部的顺序，先画出中间骨装配位特征的三维造型，再画出中间骨特征的三维造型，最后画出后翼翅膀特征的三维造型。

（4）审订造型顺序：绘制特征草图—用拉伸和镜像命令完成后翼特征的三维造型—通过布尔运算组合特征。

	班　　级		第　　组	组长签字	
实施的评价	教师签字		日　　期		
	评语：				

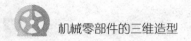

5. 排列绘图步骤的检查单

学习情境名称	跑车模型后翼的三维造型		学 时	4 学时
典型工作过程描述	1. 填写图纸检验单—**2. 排列绘图步骤**—3. 进行三维造型—4. 审订三维模型—5. 交付客户验收			
序 号	检查项目 (具体步骤的检查)	检 查 标 准	小组自查 (检查是否完成以下步骤,完成打√,没完成打×)	小组互查 (检查是否完成以下步骤,完成打√,没完成打×)
1	拆分图纸特征	拆分出 4 个拉伸特征。		
2	确定特征草图	从主视图和剖视图中确定 4 个拉伸特征的草图。		
3	排列造型顺序	中间骨装配位特征—中间骨特征—后翼翘膀特征。		
4	审订造型顺序	绘制特征草图—用拉伸和镜像命令完成后翼特征的三维造型—通过布尔运算组合特征。		

检查的评价	班 级		第 组	组长签字	
	教师签字		日 期		
	评语:				

6. 排列绘图步骤的评价单

学习情境名称	跑车模型后翼的三维造型		学　　时	4 学时
典型工作过程描述	1. 填写图纸检验单—**2. 排列绘图步骤**—3. 进行三维造型—4. 审订三维模型—5. 交付客户验收			
评 价 项 目	评 分 维 度	组长对每组的评分		教 师 评 价
小组 1 排列绘图步骤的阶段性结果	合理、完整、高效			
小组 2 排列绘图步骤的阶段性结果	合理、完整、高效			
小组 3 排列绘图步骤的阶段性结果	合理、完整、高效			
小组 4 排列绘图步骤的阶段性结果	合理、完整、高效			
评价的评价	班　　级		第　　组	组长签字
	教师签字		日　　期	
	评语:			

机械零部件的三维造型

任务三　进行三维造型

1. 进行三维造型的资讯单

学习情境名称	跑车模型后翼的三维造型	学　　时	4 学时
典型工作过程描述	1. 填写图纸检验单—2. 排列绘图步骤—**3. 进行三维造型**—4. 审订三维模型—5. 交付客户验收		
收集资讯的方式	（1）查看客户需求单。 （2）查看教师提供的学习性工作任务单。 （3）查看客户提供的模型图纸。 （4）查看学习通平台上的"机械零部件的三维造型"课程中情境 4 后翼的三维造型的拉伸特征等微课资源。		
资讯描述	（1）让学生查看客户需求单，明确后翼三维造型的要求。 （2）在 UG NX 软件中新建模型文件，选择软件中使用的模型模块。 （3）根据_____的零件图绘制出后翼的特征_____。 （4）学习_____特征的微课，完成后翼的_____。 （5）检查后翼的三维特征是否正确，如果不正确，可以_____编辑特征。		
对学生的要求	（1）学生能根据客户订单使用拉伸命令完成后翼的三维造型。 （2）学生会熟练设置特征的参数并完成三维造型。 （3）学生在绘图过程中养成及时保存图档的习惯，防止图档丢失。		
参考资料	（1）教师提供的学习性工作任务单。 （2）学习通平台上的"机械零部件的三维造型"课程中情境 4 后翼三维造型的拉伸特征等微课资源。 （3）《中文版 UG NX 12.0 从入门到精通（实战案例版）》，中国水利水电出版社，2018 年 9 月，212～218 页。		

班　　级		第　　组	组长签字	
教师签字		日　　期		
资讯的评价	评语：			

2. 进行三维造型的计划单

学习情境名称	跑车模型后翼的三维造型	学　　时	4 学时
典型工作过程描述	1. 填写图纸检验单—2. 排列绘图步骤—**3. 进行三维造型**—4. 审订三维模型—5. 交付客户验收		
计划制订的方式	（1）查看教师提供的教学资料。 （2）通过资料自行试操作。		

序　　号	具体工作步骤	注 意 事 项
1	创建模型文件	将文件保存到对应的文件夹下面。
2	创建＿＿＿草图	后翼 4 个特征草图。
3	选择＿＿＿特征	用拉伸和镜像命令完成后翼 4 个特征的三维造型。
4	设置特征＿＿＿	拉伸的起始值和终止值参数的设置。
5	＿＿＿造型特征	查看客户需求单和客户提供的模型图纸。
6	＿＿＿三维造型	文件保存的位置、格式。

	班　级		第　　组	组长签字	
	教师签字		日　　期		

计划的评价

评语：

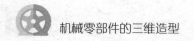

机械零部件的三维造型

3. 进行三维造型的决策单

学习情境名称	跑车模型后翼的三维造型	学　　时	4 学时
典型工作过程描述	1. 填写图纸检验单—2. 排列绘图步骤—**3.** 进行三维造型—4. 审订三维模型—5. 交付客户验收		

序号	以下哪项是完成"3.进行三维造型"这个典型工作环节的正确步骤？	正确与否（正确打√，错误打×）
1	1. 创建模型文件—2. 创建特征草图—3. 选择造型特征—4. 设置特征参数—5. 审订造型特征—6. 保存三维造型	
2	1. 选择造型特征—2. 创建特征草图—3. 创建模型文件—4. 设置特征参数—5. 审订造型特征—6. 保存三维造型	
3	1. 创建特征草图—2. 创建模型文件—3. 选择造型特征—4. 设置特征参数—5. 审订造型特征—6. 保存三维造型	
4	1. 审订造型特征—2. 创建特征草图—3. 选择造型特征—4. 设置特征参数—5. 创建模型文件—6. 保存三维造型	

决策的评价	班　　级		第　　组	组长签字	
	教师签字		日　　期		
	评语：				

4. 进行三维造型的实施单

学习情境名称	跑车模型后翼的三维造型		学　时	4 学时
典型工作过程描述	1. 填写图纸检验单—2. 排列绘图步骤—3. 进行三维造型—4. 审订三维模型—5. 交付客户验收			
序　号	实施的具体步骤	注 意 事 项		自　评
1		将文件保存到对应的文件夹下面。		
2		后翼 4 个拉伸特征草图。		
3		用拉伸和镜像命令完成后翼各个特征的三维造型。		
4		拉伸的起始值和终止值参数的设置。		
5		查看客户需求单和客户提供的模型图纸。		
6		文件保存的位置、格式。		

实施说明：

（1）创建模型文件时，注意文件的命名。

（2）创建特征草图时，注意尺寸标注位置与模型图纸一致，方便检查。

（3）创建后翼各个特征的三维造型时，注意顺序。

（4）设置特征参数时，要明白参数所表达的意思。

（5）审订造型特征时，一定要认真阅读客户需求单和客户提供的模型图纸。

（6）保存三维造型时，注意查看保存的位置。

	班　级		第　组	组长签字	
	教师签字		日　期		
实施的评价	评语：				

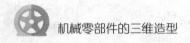

5. 进行三维造型的检查单

学习情境名称	跑车模型后翼的三维造型	学 时	4 学时
典型工作过程描述	1. 填写图纸检验单—2. 排列绘图步骤—**3. 进行三维造型**—4. 审订三维模型—5. 交付客户验收		

序 号	检查项目 （具体步骤的检查）	检 查 标 准	小组自查 （检查是否完成以下步骤，完成打√，没完成打×）	小组互查 （检查是否完成以下步骤，完成打√，没完成打×）
1	创建模型文件	将文件保存到对应的文件夹下面。		
2	创建特征草图	后翼 4 个拉伸特征草图。		
3	选择造型特征	用拉伸和镜像命令完成后翼 4 个特征的三维造型。		
4	设置特征参数	拉伸的起始值和终止值参数的设置。		
5	审订造型特征	查看客户需求单和客户提供的模型图纸。		
6	保存三维造型	文件保存的位置、格式。		

	班 级		第 组	组长签字	
	教师签字		日 期		

评语：

检查的评价

6. 进行三维造型的评价单

学习情境名称	跑车模型后翼的三维造型		学　时	4 学时
典型工作过程描述	1. 填写图纸检验单—2. 排列绘图步骤—**3.** 进行三维造型—4. 审订三维模型—5. 交付客户验收			
评 价 项 目	评 分 维 度	组长对每组的评分		教 师 评 价
小组 1 进行三维造型的阶段性结果	美观、时效、完整			
小组 2 进行三维造型的阶段性结果	美观、时效、完整			
小组 3 进行三维造型的阶段性结果	美观、时效、完整			
小组 4 进行三维造型的阶段性结果	美观、时效、完整			

	班　级		第　　组	组长签字	
	教师签字		日　　期		
评价的评价	评语:				

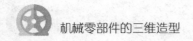
机械零部件的三维造型

任务四　审订三维模型

1. 审订三维模型的资讯单

学习情境名称	跑车模型后翼的三维造型	学　　时	4 学时
典型工作过程描述	1. 填写图纸检验单—2. 排列绘图步骤—3. 进行三维造型—**4. 审订三维模型**—5. 交付客户验收		
收集资讯的方式	（1）观察教师现场示范。 （2）查看客户需求单的模型图纸。 （3）查看教师提供的学习性工作任务单。		
资讯描述	（1）观察教师示范，学会如何检查草图及参数设置。 （2）通过客户需求单的后翼模型图纸，检查后翼翘膀尺寸 7、9、____、是否正确，再检查中间骨尺寸____、____、2、3、4、12、114°是否正确，最后检查中间骨外形尺寸____、$R25$、$R25$ 是否正确。 （3）通过客户需求单的后翼模型图纸，检查模型特征。		
对学生的要求	（1）学生能根据客户订单检查特征是否正确。 （2）检查草图尺寸是否正确。 （3）学生会检查模型草图隐藏、着色效果和渲染效果。 （4）学生需要检查文件的格式是否与客户需求单的要求一致。 （5）学生需要具有耐心、仔细的态度。		
参考资料	（1）客户需求单。 （2）客户提供的后翼模型图纸 SC-03。 （3）学习性工作任务单。		

班　　级		第　　组		组长签字	
教师签字		日　　期			
资讯的评价	评语：				

2. 审订三维模型的计划单

学习情境名称	跑车模型后翼的三维造型		学　　时	4 学时
典型工作过程 描述	1. 填写图纸检验单—2. 排列绘图步骤—3. 进行三维造型—4. 审订三维 模型—5. 交付客户验收			
计划制订的方式	（1）查看客户需求单。 （2）查看学习性工作任务单。			
序　　号	具体工作步骤		注 意 事 项	
1	审订模型_____		注意拉伸的起始值和终止值。	
2	审订模型_____		草图尺寸标注方式与模型图纸一致。	
3	审订模型_____		检查模型草图隐藏、着色效果和渲染效果。	
4	审订_____格式		是否按_____需求单的要求保存。	
	班　级		第　　组	组长签字
	教师签字		日　　期	
	评语：			
计划的评价				

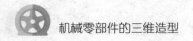

3. 审订三维模型的决策单

学习情境名称	跑车模型后翼的三维造型	学　时	4 学时
典型工作过程 描述	1. 填写图纸检验单—2. 排列绘图步骤—3. 进行三维造型—**4. 审订三维 模型**—5. 交付客户验收		
序　　号	以下哪项是完成"4.审订三维模型"这个典型工作环节的正确步骤？		正确与否 （正确打√， 错误打×）
1	1. 审订模型尺寸—2. 审订模型特征—3. 审订模型效果—4. 审订文件格式		
2	1. 审订模型特征—2. 审订模型尺寸—3. 审订模型效果—4. 审订文件格式		
3	1. 审订模型效果—2. 审订模型尺寸—3. 审订模型特征—4. 审订文件格式		
4	1. 审订模型特征—2. 审订文件格式—3. 审订模型效果—4. 审订模型尺寸		

决策的评价	班　　级		第　　组	组长签字	
	教师签字		日　　期		
	评语：				

4. 审订三维模型的实施单

学习情境名称	跑车模型后翼的三维造型		学　　时	4 学时
典型工作过程描述	1. 填写图纸检验单—2. 排列绘图步骤—3. 进行三维造型—**4. 审订三维模型**—5. 交付客户验收			
序　　号	实施的具体步骤	注 意 事 项		自　　评
1		注意拉伸的起始值和终止值。		
2		草图尺寸标注方式与模型图纸一致。		
3		检查模型草图隐藏、着色效果和渲染效果。		
4		是否按客户需求单的要求保存。		

实施说明：

（1）检查特征时，注意检查拉伸的参数设置。

（2）检查模型尺寸时，注意草图尺寸与模型图纸，要准确无误。

（3）检查模型效果时，要完成模型草图隐藏、着色效果和渲染效果。

（4）检查文件格式时，要注意查看客户需求单，另存为.stp 格式。

	班　级		第　　组	组长签字	
实施的评价	教师签字		日　　期		
	评语：				

 机械零部件的三维造型

5. 审订三维模型的检查单

学习情境名称	跑车模型后翼的三维造型	学　　时	4 学时
典型工作过程描述	1. 填写图纸检验单—2. 排列绘图步骤—3. 进行三维造型—**4. 审订三维模型**—5. 交付客户验收		

序　号	检查项目 （具体步骤的检查）	检 查 标 准	小组自查 （检查是否完成以下步骤，完成打√，没完成打×）	小组互查 （检查是否完成以下步骤，完成打√，没完成打×）
1	审订模型特征	后翼 4 个拉伸特征。		
2	审订模型尺寸	后翼中间骨装配位草图尺寸、后翼中间骨草图尺寸、后翼翅膀草图尺寸。		
3	审订模型效果	模型草图隐藏、着色效果和渲染效果。		
4	审订文件格式	软件原始格式、.stp 格式。		

检查的评价	班　　级		第　　组	组长签字	
	教师签字		日　　期		
	评语：				

130

6. 审订三维模型的评价单

学习情境名称	跑车模型后翼的三维造型		学　　时	4 学时
典型工作过程 描述	1. 填写图纸检验单—2. 排列绘图步骤—3. 进行三维造型—**4. 审订三维模型**—5. 交付客户验收			
评 价 项 目	评 分 维 度	组长对每组的评分		教 师 评 价
小组 1 审订三维模型的阶段 性结果	速度、严谨、正确性			
小组 2 审订三维模型的阶段 性结果	速度、严谨、正确性			
小组 3 审订三维模型的阶段 性结果	速度、严谨、正确性			
小组 4 审订三维模型的阶段 性结果	速度、严谨、正确性			

	班　　级		第　　组	组长签字	
评价的评价	教师签字		日　　期		
	评语：				

任务五　交付客户验收

1. 交付客户验收的资讯单

学习情境名称	跑车模型后翼的三维造型	学　　时	4 学时
典型工作过程描述	1. 填写图纸检验单—2. 排列绘图步骤—3. 进行三维造型—4. 审订三维模型—**5. 交付客户验收**		
收集资讯的方式	（1）查看客户需求单。 （2）客户订单资料的存档归类演示。 （3）查看教师提供的学习性工作任务单。		
资讯描述	（1）查看客户需求单，明确客户的要求。 （2）查看验收单收集案例，明确验收单收集的内容。 （3）明确满足客户要求的资料内容。 （4）查询资料，明确客户订单资料的存档方法。		
对学生的要求	（1）仔细＿＿＿＿客户验收单是否满足交付的条件，履行契约精神。 （2）学会＿＿＿＿客户订单原始资料，包括图纸 1 张、模型数据等，确保原始资料完好。 （3）学会＿＿＿＿满足客户要求的资料，包括三维造型电子档 1 份、三维造型效果图 1 份等，做到细心、准确。 （4）学会＿＿＿＿双方约定的验收单，包括原始资料归还的签收单、三维造型图的验收单、客户满意度反馈表等，在交付过程中做到诚实守信。 （5）学会将客户的订单资料＿＿＿＿，并做好文档归类，以方便查阅。		
参考资料	（1）客户需求单。 （2）客户提供的模型图纸 SC-03。 （3）学习性工作任务单。		

班　　级		第　　组		组长签字	
教师签字		日　　期			
资讯的评价	评语:				

2. 交付客户验收的计划单

学习情境名称	跑车模型后翼的三维造型	学　　时	4 学时
典型工作过程描述	1. 填写图纸检验单—2. 排列绘图步骤—3. 进行三维造型—4. 审订三维模型—**5. 交付客户验收**		
计划制订的方式	（1）查看客户验收单。 （2）查看教师提供的学习资料。		

序　　号	具体工作步骤	注 意 事 项
1	核对客户_____	查看客户验收单，确定是否可以交付。
2	归还客户订单_____资料	图纸 1 张、模型数据。
3	交付_____图等资料	三维造型电子档 1 份、三维造型效果图 1 份。
4	收回客户验收单	原始资料归还的_____、三维造型图的验收单、客户_____反馈表。
5	归档订单资料	客户验收单、三维造型电子档存档规范。

班　　级		第　　组		组长签字	
教师签字		日　　期			

评语：

计划的评价

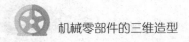

3. 交付客户验收的决策单

学习情境名称	跑车模型后翼的三维造型	学 时	4 学时
典型工作过程描述	1. 填写图纸检验单—2. 排列绘图步骤—3. 进行三维造型—4. 审订三维模型—**5. 交付客户验收**		
序 号	以下哪项是完成"5.交付客户验收"这个典型工作环节的正确步骤？	正确与否（正确打√，错误打×）	
1	1. 收回客户验收单—2. 归还客户订单原始资料—3. 交付造型图等资料—4. 核对客户验收单—5. 归档订单资料		
2	1. 交付造型图等资料—2. 归还客户订单原始资料—3. 核对客户验收单—4. 收回客户验收单—5. 归档订单资料		
3	1. 核对客户验收单—2. 归还客户订单原始资料—3. 交付造型图等资料—4. 收回客户验收单—5. 归档订单资料		
4	1. 归档订单资料—2. 归还客户订单原始资料—3. 交付造型图等资料—4. 收回客户验收单—5. 核对客户验收单		

	班 级		第 组	组长签字	
	教师签字		日 期		
	评语：				
决策的评价					

4. 交付客户验收的实施单

学习情境名称	跑车模型后翼的三维造型		学　　时	4 学时
典型工作过程描述	1. 填写图纸检验单—2. 排列绘图步骤—3. 进行三维造型—4. 审订三维模型—5. 交付客户验收			
序　号	实施的具体步骤	注　意　事　项		自　　评
1		查看客户验收单，确定是否可以交付。		
2		图纸 1 张、模型数据。		
3		三维造型电子档 1 份、三维造型效果图 1 份。		
4		原始资料归还的签收单、三维造型图的验收单、客户满意度反馈表。		
5		客户验收单、三维造型电子档存档规范。		

实施说明：

（1）学生要认真、仔细地核对客户验收单，保证交付正确。

（2）学生要归还客户提供的所有原始资料，可以跟签收单对照。

（3）学生要交付三维造型、纸质资料等。

（4）学生要明确收回哪些单据。

（5）学生在归档订单资料时，资料整理一定要规范，以方便查找。

	班　　级		第　　组		组长签字	
	教师签字		日　　期			
实施的评价	评语：					

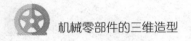

5. 交付客户验收的检查单

学习情境名称		跑车模型后翼的三维造型		学 时	4 学时
典型工作过程描述		1. 填写图纸检验单—2. 排列绘图步骤—3. 进行三维造型—4. 审订三维模型—5. 交付客户验收			
序 号	检查项目(具体步骤的检查)	检 查 标 准		小组自查(检查是否完成以下步骤,完成打√,没完成打×)	小组互查(检查是否完成以下步骤,完成打√,没完成打×)
1	核对客户验收单	客户验收单满足交付条件。			
2	归还客户订单原始资料	图纸 1 张、模型数据。			
3	交付造型图等资料	三维造型电子档1 份、三维造型效果图1 份。			
4	收回客户验收单	原始资料归还的签收单、三维造型图的验收单、客户满意度反馈表。			
5	归档订单资料	客户验收单、三维造型电子档存档规范。			

	班 级		第 组	组长签字	
检查的评价	教师签字		日 期		
	评语:				

6. 交付客户验收的评价单

学习情境名称	跑车模型后翼的三维造型		学　　时	4 学时
典型工作过程 描述	1. 填写图纸检验单—2. 排列绘图步骤—3. 进行三维造型—4. 审订三维模型—5. 交付客户验收			
评 价 项 目	评 分 维 度	组长对每组的评分		教 师 评 价
小组 1 交付客户验收的阶段性结果	诚信、完整、时效			
小组 2 交付客户验收的阶段性结果	诚信、完整、时效			
小组 3 交付客户验收的阶段性结果	诚信、完整、时效			
小组 4 交付客户验收的阶段性结果	诚信、完整、时效			

评价的评价	班　　级		第　　组	组长签字	
	教师签字		日　　期		
	评语:				

学习情境五 跑车模型车身的三维造型

客户需求单

学习背景

公司为展示跑车车身模型的三维效果，委托我校用 UG NX 12.0 对跑车车身进行三维造型。

（1）根据企业提供的跑车模型车身图纸，完成三维造型。

（2）请在 2 小时内完成，完成后提交跑车车身的三维造型电子档（.prt 和 .stp 格式）。

参考素材

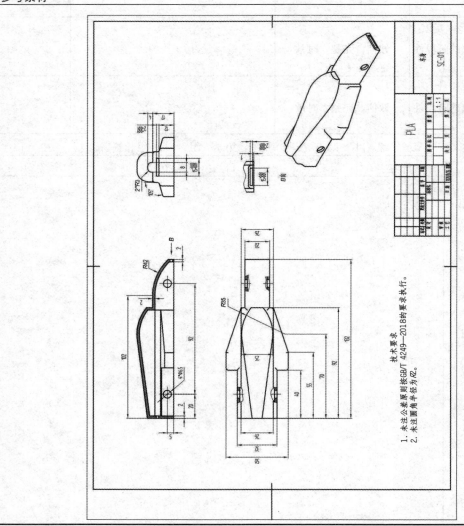

学习性工作任务单

学习情境名称	跑车模型车身的三维造型		学　　时	6 学时
典型工作过程描述	1. 填写图纸检验单—2. 排列绘图步骤—3. 进行三维造型—4. 审订三维模型—5. 交付客户验收			
学习目标	**1. 填写图纸检验单**　　1.1　填写图纸标题信息；　　1.2　填写图纸的视图；　　1.3　填写图纸的尺寸；　　1.4　填写图纸的公差；　　1.5　填写图纸的技术要求。　**2. 排列绘图步骤**　　2.1　拆分图纸特征；　　2.2　确定特征草图；　　2.3　排列造型顺序；　　2.4　审订造型顺序。　**3. 进行三维造型**　　3.1　创建模型文件；　　3.2　创建特征草图；　　3.3　选择造型特征；　　3.4　设置特征参数；　　3.5　审订造型特征；　　3.6　保存三维造型。　**4. 审订三维模型**　　4.1　审订模型特征；　　4.2　审订模型尺寸；　　4.3　审订模型效果；　　4.4　审订文件格式。　**5. 交付客户验收**　　5.1　核对客户验收单；　　5.2　归还客户订单原始资料；　　5.3　交付造型图等资料；　　5.4　收回客户验收单；　　5.5　归档订单资料。			
任务描述	（1）填写图纸检验单。第一，通过查看客户需求单，让学生从 8 页图纸中找到第 2 页的车身模型图纸。第二，让学生了解跑车车身图由剖视图、主视图、侧视图、三维效果图、局部放大图组成。第三，从主视图和侧视图中得知车身外形尺寸为 132、92、70、40、26、32、50、20，四处装配位尺寸为 $\phi6.5$、15、2；从剖视图中得知车身厚度尺寸为 2；从主视图和侧视图中得知车身顶面尺寸为 8、4、$R3$、25、$R35$、105°。第四，从局部放大图中可以看出与车身装配的公差为 $15_{+0.01}^{+0.03}$、$2_{+0.01}^{+0.03}$。第五，从技术要求中可知未注圆角半径为 $R2$，未注公差原则按 GB/T 4249—2018 的要求执行。			

任务描述	**（2）排列绘图步骤。**第一，从跑车车身图中拆分出多个特征。第二，从视图中确定各特征的草图。第三，让学生明白特征构建顺序：车身外形特征—车身顶面特征—装配位特征。第四，让学生明白绘图步骤：绘制车身外形特征草图—用拉伸命令完成车身外形特征—绘制车身顶面草图—用扫掠命令完成车身顶部特征—用拉伸命令完成车身顶部斜面特征—对车身进行抽壳。 **（3）进行三维造型。**第一，打开 UG NX 软件，从模型中新建文件。第二，创建车身特征草图。第三，根据上述草图，使用拉伸、扫掠、抽壳命令完成车身的构建。第四，让学生明白拉伸参数设置（起始值、终止值）、扫掠参数设置，以及进行抽壳时面的选择。第五，查看特征是否正确，确保无误后，保存三维造型。 **（4）审订三维模型。**第一，审订模型中的拉伸特征。第二，检查车身外形尺寸 132、92、70、40、26、32、50、20，四处装配位尺寸 $\phi6.5$、15、2，车身厚度尺寸 2，车身顶面尺寸 8、4、$R3$、25、$R35$、105°。第三，检查模型草图隐藏、着色效果和渲染效果。第四，检查文件的格式是否与客户需求单的要求一致。 **（5）交付客户验收。**第一，核对客户验收单是否满足交付条件。第二，归还客户订单原始资料，包括图纸 1 张、模型数据等，保证原始资料的完整。第三，交付满足客户要求的三维造型电子档 1 份、三维造型效果图 1 份等。第四，收回双方约定的验收单，包括原始资料归还的签收单、三维造型图的验收单、客户满意度反馈表等。第五，将客户的订单资料存档，包括客户验收单、三维造型电子档等，注意对客户资料的保密等特定要求。

学时	资讯	计划	决策	实施	检查	评价
	0.4 学时	0.4 学时	0.4 学时	4 学时	0.4 学时	0.4 学时

对学生的要求	**（1）填写图纸检验单。**第一，学生查看客户订单后，能看懂图纸信息，包括视图、尺寸、公差。第二，填写检验单时，要具有一丝不苟的精神，对技术要求等认真查看、填写。第三，能判断出图纸是否缺少尺寸、视图是否摆放正确。 **（2）排列绘图步骤。**第一，从跑车车身图中拆分出各部分的特征。第二，从视图中确定各特征的草图。第三，明白特征构建顺序：车身外形特征—车身顶面特征—装配位特征。第四，明白绘图步骤：绘制车身外形特征草图—用拉伸命令完成车身外形特征—绘制车身顶面草图—用扫掠命令完成车身顶部特征—用拉伸命令完成车身顶部斜面特征—对车身进行抽壳。第五，学生要不断优化绘图步骤，提高绘图的效率。 **（3）进行三维造型。**第一，学生能根据客户订单使用拉伸、扫掠、抽壳命令完成车身的三维造型。第二，学生会熟练设置特征的参数并完成三维造型。第三，学生在绘图过程中养成及时保存图档的习惯。第四，学生在绘图时会解决特征构建不成功的问题。 **（4）审订三维模型。**第一，学生能根据客户订单检查特征是否正确、检查草图尺寸是否正确。第二，学生会检查模型草图隐藏、着色效果和渲染效果。第三，学生需要检查文件的格式是否与客户需求单的要求一致。第四，学生需要具有耐心、仔细的态度。

对学生的要求	（5）**交付客户验收。**第一，仔细核对客户验收单是否满足交付的条件，履行契约精神。第二，学会归还客户订单原始资料，包括图纸 1 张、模型数据等，确保原始资料的完好。第三，学会交付满足客户要求的资料，三维造型电子档 1 份、三维造型效果图 1 份等，做到细心、准确。第四，学会收回双方约定的验收单，包括原始资料归还的签收单、三维造型图的验收单、客户满意度反馈表等，在交付过程中做到诚实守信。第五，学生需要将客户的订单资料存档，并做好文档归类，以方便查阅。
参考资料	（1）客户需求单。 （2）客户提供的模型图纸 SC-01。 （3）学习通平台上"机械零部件的三维造型"课程中情境 5 车身的三维造型教学资源。 （4）《中文版 UG NX 12.0 从入门到精通（实战案例版）》，中国水利水电出版社，2018 年 9 月，212～224 页。

教学和学习 方式与流程	典型工作环节	教学和学习的方式					
	1. 填写图纸检验单	资讯	计划	决策	实施	检查	评价
	2. 排列绘图步骤	资讯	计划	决策	实施	检查	评价
	3. 进行三维造型	资讯	计划	决策	实施	检查	评价
	4. 审订三维模型	资讯	计划	决策	实施	检查	评价
	5. 交付客户验收	资讯	计划	决策	实施	检查	评价

材料工具清单

学习情境名称	跑车模型车身的三维造型			学　时		6 学时	
典型工作过程 描述	1. 填写图纸检验单—2. 排列绘图步骤—3. 进行三维造型—4. 审订三维模型—5. 交付客户验收						
典型 工作过程	序　号	名　称	作　用	数　量	型　号	使用量	使用者
1. 填写图纸检验单	1	车身图纸	参考	1 张		1 张	学生
	2	圆珠笔	填表	1 支		1 支	学生
2. 排列绘图步骤	3	本子	排列步骤	1 本		1 本	学生
3. 进行三维造型	4	机房	上课	1 间		1 间	学生
	5	UG NX 12.0	绘图	1 套		1 套	学生
5. 交付客户验收	6	文件夹	存档	1 个		1 个	学生
班　级		第　组		组长签字			
教师签字		日　期					

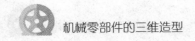

任务一　填写图纸检验单

1. 填写图纸检验单的资讯单

学习情境名称		跑车模型车身的三维造型	学　时	6 学时
典型工作过程描述		**1.** 填写图纸检验单—2. 排列绘图步骤—3. 进行三维造型—4. 审订三维模型—5. 交付客户验收		
收集资讯的方式		（1）查看客户需求单。 （2）查看客户提供的模型图纸 SC-01。 （3）查看教师提供的学习性工作任务单。		
资讯描述		（1）公司为了展示跑车车身模型的三维效果，委托我校用 UG NX 12.0 对跑车车身进行三维造型。 （2）通过查看客户需求单，让学生从 8 页图纸中找到第 2 页（车身）图纸。 （3）读懂车身的视图，从主视图和侧视图中得知车身外形尺寸为＿＿＿＿、92、＿＿＿＿、40、26、32、50、20，四处装配位尺寸为 $\phi 6.5$、15、2；从剖视图中得知车身厚度尺寸为＿＿＿＿；从主视图和侧视图中得知车身顶面尺寸为 8、4、$R3$、25、＿＿＿＿、105°。 （4）观察客户提供的跑车模型车身图，从局部放大图中可以看出与车身装配的公差为＿＿＿＿、$2^{+0.03}_{+0.01}$；从技术要求中可知未注圆角半径为 $R2$，未注公差原则按 GB/T 4249—2018 的要求执行。		
对学生的要求		（1）学会查看客户需求单。 （2）能读懂车身的视图和尺寸。 （3）会分析尺寸公差以及技术要求等。 （4）填写检验单时要具备一丝不苟的精神。		
参考资料		（1）客户需求单。 （2）客户提供的模型图纸。		
	班　级		第　组	组长签字
	教师签字		日　期	
资讯的评价	评语：			

2. 填写图纸检验单的计划单

学习情境名称	跑车模型车身的三维造型	学　时	6 学时
典型工作过程描述	**1. 填写图纸检验单**—2. 排列绘图步骤—3. 进行三维造型—4. 审订三维模型—5. 交付客户验收		
计划制订的方式	（1）查看客户订单。 （2）查看学习性工作任务单。 （3）查阅机械制图有关资料。		

序　号	具体工作步骤	注　意　事　项
1	填写图纸标题信息	从标题栏中读取图纸信息，包括零件名、图纸第 2 页（共 8 页）等。
2	填写图纸的视图	＿＿＿＿、主视图、侧视图、三维效果图、局部放大图。
3	填写图纸的尺寸	车身外形尺寸为＿＿＿＿、92、70、40、26、32、50、20，四处装配位尺寸为 $\phi 6.5$、15、2，车身厚度尺寸为＿＿＿＿，车身顶面尺寸为 8、4、$R3$、25、$R35$、105°。
4	填写图纸的公差	从局部放大图中可以看出与车身装配的公差为 $15^{+0.03}_{+0.01}$、＿＿＿＿。
5	填写图纸的技术要求	未注圆角半径为＿＿＿＿，未注公差原则按 GB/T 4249—2018 的要求执行。

班　级		第　组		组长签字	
教师签字		日　期			
计划的评价	评语：				

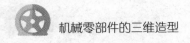

3. 填写图纸检验单的决策单

学习情境名称	跑车模型车身的三维造型	学　　时	6学时
典型工作过程描述	1. 填写图纸检验单—2. 排列绘图步骤—3. 进行三维造型—4. 审订三维模型—5. 交付客户验收		
序　　号	以下哪项是完成"1.填写图纸检验单"这个典型工作环节的正确步骤?		正确与否 （正确打√，错误打×）
1	1. 填写图纸的尺寸—2. 填写图纸标题栏信息—3. 填写图纸的视图—4. 填写图纸的公差—5. 填写图纸的技术要求		
2	1. 填写图纸的视图—2. 填写图纸标题栏信息—3. 填写图纸的尺寸—4. 填写图纸的公差—5. 填写图纸的技术要求		
3	1. 填写图纸标题栏信息—2. 填写图纸的视图—3. 填写图纸的尺寸—4. 填写图纸的公差—5. 填写图纸的技术要求		
4	1. 填写图纸的尺寸—2. 填写图纸的视图—3. 填写图纸标题栏信息—4. 填写图纸的公差—5. 填写图纸的技术要求		

	班　　级		第　　组	组长签字	
	教师签字		日　　期		
决策的评价	评语：				

4. 填写图纸检验单的实施单

学习情境名称	跑车模型车身的三维造型		学　　时	6 学时
典型工作过程描述	**1. 填写图纸检验单**—2. 排列绘图步骤—3. 进行三维造型—4. 审订三维模型—5. 交付客户验收			
序　　号	实施的具体步骤	注　意　事　项		自　　评
1		从标题栏中读取图纸信息，包括零件名、图纸第 2 页（共 8 页）等。		
2		剖视图、主视图、侧视图、三维效果图、局部放大图。		
3		车身外形尺寸为 132、92、70、40、26、32、50、20，四处装配位尺寸为 $\phi6.5$、15、2，车身厚度尺寸为 2，车身顶面尺寸为 8、4、$R3$、25、$R35$、105°。		
4		从局部放大图中可以看出与车身装配的公差为 $15^{+0.03}_{+0.01}$、$2^{+0.03}_{+0.01}$。		
5		未注圆角半径为 $R2$、未注公差原则按 GB/T 4249—2018 的要求执行。		

实施说明：

（1）查看客户需求单后，填写图纸_____页。

（2）查看客户需求单后，填写图纸视图是否表达完整：_____。

（3）通过小组讨论，填写图纸车身尺寸是否完整：_____。如不完整，标出_____。

（4）通过小组讨论，填写图纸的装配公差：_____。

（5）通过小组讨论，填写图纸的技术要求：_____。

实施的评价	班　　级		第　　组		组长签字	
	教师签字		日　　期			
	评语：					

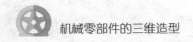

5. 填写图纸检验单的检查单

学习情境名称	跑车模型车身的三维造型		学 时	6 学时
典型工作过程描述	**1. 填写图纸检验单**—2. 排列绘图步骤—3. 进行三维造型—4. 审订三维模型—5. 交付客户验收			
序 号	检查项目 （具体步骤的检查）	检 查 标 准	小组自查 （检查是否完成以下步骤，完成打√，没完成打×）	小组互查 （检查是否完成以下步骤，完成打√，没完成打×）
1	填写图纸标题栏信息	从标题栏中读取图纸信息，包括零件名、图纸第 2 页（共 8 页）等。		
2	填写图纸的视图	剖视图、主视图、侧视图、三维效果图、局部放大图。		
3	填写图纸的尺寸	车身外形尺寸为 132、92、70、40、26、32、50、20，四处装配位尺寸为 $\phi6.5$、15、2，车身厚度尺寸为 2，车身顶面尺寸为 8、4、$R3$、25、$R35$、105°。		
4	填写图纸的公差	与车身装配的公差为 $15^{+0.03}_{+0.01}$、$2^{+0.03}_{+0.01}$。		
5	填写图纸的技术要求	未注圆角半径为 $R2$、未注公差原则按 GB/T 4249—2018 的要求执行。		
检查的评价	班 级		第 组	组长签字	
	教师签字		日 期		
	评语：				

6. 填写图纸检验单的评价单

学习情境名称	跑车模型车身的三维造型		学　　时	6 学时
典型工作过程 描述	**1. 填写图纸检验单**—2. 排列绘图步骤—3. 进行三维造型—4. 审订三维模型—5. 交付客户验收			
评价项目	评分维度	组长对每组的评分		教师评价
小组 1 填写图纸检验单的阶段性结果	合理、完整、高效			
小组 2 填写图纸检验单的阶段性结果	合理、完整、高效			
小组 3 填写图纸检验单的阶段性结果	合理、完整、高效			
小组 4 填写图纸检验单的阶段性结果	合理、完整、高效			
评价的评价	班　　级		第　　组	组长签字	
	教师签字		日　　期		
	评语：				

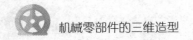

任务二　排列绘图步骤

1. 排列绘图步骤的资讯单

学习情境名称	跑车模型车身的三维造型	学　时	6 学时
典型工作过程描述	1. 填写图纸检验单—**2. 排列绘图步骤**—3. 进行三维造型—4. 审订三维模型—5. 交付客户验收		
收集资讯的方式	（1）查看客户需求单。 （2）查看教师提供的学习性工作任务单。 （3）查看客户提供的模型图纸 SC-01。 （4）查看学习通平台上的"机械零部件的三维造型"课程中情境 5 车身的三维造型教学资源。		
资讯描述	（1）让学生从跑车车身图中拆分出多个特征。 （2）从视图中确定各特征的草图。 （3）让学生明白特征构建顺序：车身_____特征—车身顶面特征—_____位特征。 （4）让学生明白绘图步骤：绘制车身外形特征草图—用拉伸命令完成车身外形特征—绘制车身顶面_____—用_____命令完成车身顶部特征—用_____命令完成车身顶部斜面特征—对车身进行抽壳和倒角。		
对学生的要求	（1）从跑车车身图中拆分出各个特征。 （2）从视图中确定各特征的草图。 （3）明白特征构建顺序：车身外形特征—车身顶面特征—装配位特征。 （4）明白绘图步骤：绘制车身外形特征草图—用拉伸命令完成车身外形特征—绘制车身顶面草图—用扫掠命令完成车身顶部特征—用拉伸命令完成车身顶部斜面特征—对车身进行抽壳和倒角。 （5）学生要不断优化绘图步骤，提高绘图的效率。		
参考资料	（1）客户需求单。 （2）跑车模型零件图 SC-01。 （3）学习通平台上的"机械零部件的三维造型"课程中情境 5 车身的三维造型教学资源。		
资讯的评价	班　级		第　组	组长签字
	教师签字		日　期	
	评语：			

2. 排列绘图步骤的计划单

学习情境名称	跑车模型车身的三维造型	学　时	6学时
典型工作过程描述	1. 填写图纸检验单—**2. 排列绘图步骤**—3. 进行三维造型—4. 审订三维模型—5. 交付客户验收		
计划制订的方式	（1）咨询教师。 （2）上网查看类似零件绘图步骤。		

序　号	具体工作步骤	注 意 事 项
1	＿＿＿＿图纸特征	拆分出多个拉伸、扫掠、抽壳特征。
2	确定特征＿＿＿＿	从视图中确定各特征的草图。
3	排列＿＿＿＿顺序	车身外形特征—车身顶面特征—装配位特征。
4	＿＿＿＿造型顺序	绘制车身外形特征草图—用拉伸命令完成车身外形特征—绘制车身顶面草图—用扫掠命令完成车身顶部特征—用拉伸命令完成车身顶部斜面特征—对车身进行＿＿＿＿。

班　级		第　　组		组长签字	
教师签字		日　　期			

计划的评价	评语：

3. 排列绘图步骤的决策单

学习情境名称	跑车模型车身的三维造型		学　时	6 学时
典型工作过程描述	1. 填写图纸检验单—**2. 排列绘图步骤**—3. 进行三维造型—4. 审订三维模型—5. 交付客户验收			
序　号	以下哪项是完成"2.排列绘图步骤"这个典型工作环节的正确步骤？		正确与否（正确打√，错误打×）	
1	1. 确定特征草图—2. 拆分图纸特征—3. 排列造型顺序—4. 审订造型顺序			
2	1. 确定特征草图—2. 审订造型顺序—3. 排列造型顺序—4. 拆分图纸特征			
3	1. 审订造型顺序—2. 拆分图纸特征—3. 排列造型顺序—4. 确定特征草图			
4	1. 拆分图纸特征—2. 确定特征草图—3. 排列造型顺序—4. 审订造型顺序			

决策的评价	班　级		第　　组	组长签字	
	教师签字		日　期		
	评语：				

4. 排列绘图步骤的实施单

学习情境名称	跑车模型车身的三维造型		学　　时	6 学时
典型工作过程描述	1. 填写图纸检验单—**2. 排列绘图步骤**—3. 进行三维造型—4. 审订三维模型—5. 交付客户验收			
序　号	实施的具体步骤	注　意　事　项		自　评
1		拆分出多个拉伸、扫掠、抽壳特征。		
2		从视图中确定各特征的草图。		
3		车身外形特征—车身顶面特征—装配位特征。		
4		绘制车身外形特征草图—用拉伸命令完成车身外形特征—绘制车身顶面草图—用扫掠命令完成车身顶部特征—用拉伸命令完成车身顶部斜面特征—对车身进行抽壳和倒角。		

实施说明：

（1）分析车身的剖视图、主视图、侧视图、三维效果图、局部放大图，拆分出多个特征。

（2）画出各个特征草图：剖视图、主视图、侧视图。确定各个特征的草图。

（3）按照先整体后局部的顺序，先画出车身外形的三维造型，再画出车身顶面的三维造型，最后画出装配位特征。

（4）审订造型顺序：绘制车身外形特征草图—用拉伸命令完成车身外形特征—绘制车身顶面草图—用扫掠命令完成车身顶部特征—用拉伸命令完成车身顶部斜面特征—对车身进行抽壳和倒角。

	班　　级		第　　组		组长签字	
	教师签字		日　　期			
实施的评价	评语：					

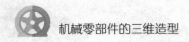

5. 排列绘图步骤的检查单

学习情境名称		跑车模型车身的三维造型		学　时	6 学时
典型工作过程 描述		1. 填写图纸检验单—**2. 排列绘图步骤**—3. 进行三维造型—4. 审订三维模型—5. 交付客户验收			
序　号	检查项目 （具体步骤的检查）	检　查　标　准		小组自查 （检查是否完成以 下步骤，完成打√， 没完成打×）	小组互查 （检查是否完成以 下步骤，完成打√， 没完成打×）
1	拆分图纸特征	拆分出多个拉伸、扫掠、抽壳特征。			
2	确定特征草图	从视图中确定各特征的草图。			
3	排列造型顺序	车身外形特征—车身顶面特征—装配位特征。			
4	审订造型顺序	绘制车身外形特征草图—用拉伸命令完成车身外形特征—绘制车身顶面草图—用扫掠命令完成车身顶部特征—用拉伸命令完成车身顶部斜面特征—对车身进行抽壳和倒角。			
检查的评价	班　　级		第　　组	组长签字	
	教师签字		日　　期		
	评语：				

6. 排列绘图步骤的评价单

学习情境名称	跑车模型车身的三维造型	学　时	6 学时
典型工作过程描述	1. 填写图纸检验单—**2. 排列绘图步骤**—3. 进行三维造型—4. 审订三维模型—5. 交付客户验收		
评价项目	评分维度	组长对每组的评分	教师评价
小组 1 排列绘图步骤的阶段性结果	合理、完整、高效		
小组 2 排列绘图步骤的阶段性结果	合理、完整、高效		
小组 3 排列绘图步骤的阶段性结果	合理、完整、高效		
小组 4 排列绘图步骤的阶段性结果	合理、完整、高效		

评价的评价	班　级		第　组	组长签字	
	教师签字		日　期		
	评语:				

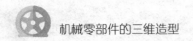

任务三　进行三维造型

1. 进行三维造型的资讯单

学习情境名称	跑车模型车身的三维造型	学　时	6 学时
典型工作过程描述	1. 填写图纸检验单—2. 排列绘图步骤—**3.** 进行三维造型—4. 审订三维模型—5. 交付客户验收		
收集资讯的方式	（1）查看客户需求单。 （2）查看教师提供的学习性工作任务单。 （3）查看客户提供的模型图纸。 （4）查看学习通平台上的"机械零部件的三维造型"课程中情境 5 车身的三维造型的拉伸、扫掠、抽壳特征等微课资源。		
资讯描述	（1）让学生查看客户需求单，明确车身三维造型的要求。 （2）在 UG NX 软件中＿＿＿＿模型文件，选择软件中使用的模型模块。 （3）根据车身的零件图绘制出车身的各个特征＿＿＿＿。 （4）学习＿＿＿、＿＿＿、＿＿＿特征的微课，完成车身的三维造型。 （5）检查车身的三维特征是否正确，如果不正确，可以修改、编辑特征。		
对学生的要求	（1）学生能根据客户订单使用拉伸命令完成车身的三维造型。 （2）学生会熟练设置特征的参数并完成三维造型。 （3）学生在绘图过程中养成及时保存图档的习惯，防止图档丢失。		
参考资料	（1）教师提供的学习性工作任务单。 （2）学习通平台上的"机械零部件的三维造型"课程中情境 5 车身的三维造型的拉伸、扫掠、抽壳特征等微课资源。 （3）《中文版 UG NX 12.0 从入门到精通（实战案例版）》，中国水利水电出版社，2018 年 9 月，212～224 页。		

班　级		第　　组	组长签字	
教师签字		日　期		
资讯的评价	评语：			

2. 进行三维造型的计划单

学习情境名称	跑车模型车身的三维造型		学 时	6 学时
典型工作过程 描述	1. 填写图纸检验单—2. 排列绘图步骤—**3. 进行三维造型**—4. 审订三维 模型—5. 交付客户验收			
计划制订的方式	（1）查看教师提供的教学资料。 （2）通过资料自行试操作。			

序 号	具体工作步骤	注 意 事 项
1	创建模型_____	将文件保存到对应的文件夹下面。
2	创建特征_____	车身各个特征草图。
3	选择_____特征	用拉伸、扫掠、抽壳等命令完成车身各个特征的三维造型。
4	_____特征参数	拉伸的起始值和终止值，扫掠参数设置，进行抽壳时面的 选择。
5	_____造型特征	查看客户需求单和客户提供的模型图纸。
6	保存三维造型	文件保存的位置、格式。

	班 级		第 组	组长签字
	教师签字		日 期	
计划的评价	评语：			

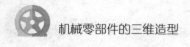

3. 进行三维造型的决策单

学习情境名称	跑车模型车身的三维造型	学　时	6 学时
典型工作过程描述	1. 填写图纸检验单—2. 排列绘图步骤—**3. 进行三维造型**—4. 审订三维模型—5. 交付客户验收		
序　号	以下哪项是完成"3.进行三维造型"这个典型工作环节的正确步骤？	正确与否（正确打√，错误打×）	
1	1. 创建特征草图—2. 创建模型文件—3. 选择造型特征—4. 设置特征参数—5. 审订造型特征—6. 保存三维造型		
2	1. 审订造型特征—2. 创建特征草图—3. 选择造型特征—4. 设置特征参数—5. 创建模型文件—6. 保存三维造型		
3	1. 创建模型文件—2. 创建特征草图—3. 选择造型特征—4. 设置特征参数—5. 审订造型特征—6. 保存三维造型		
4	1. 选择造型特征—2. 创建特征草图—3. 创建模型文件—4. 设置特征参数—5. 审订造型特征—6. 保存三维造型		

	班　级		第　　组	组长签字	
决策的评价	教师签字		日　期		
	评语：				

4. 进行三维造型的实施单

学习情境名称	跑车模型车身的三维造型		学　　时	6 学时
典型工作过程描述	1. 填写图纸检验单—2. 排列绘图步骤—**3. 进行三维造型**—4. 审订三维模型—5. 交付客户验收			
序　　号	实施的具体步骤	注 意 事 项		自　　评
1		将文件保存到对应的文件夹下面。		
2		车身各个特征草图。		
3		用拉伸、扫掠、抽壳等命令完成车身各个特征的三维造型。		
4		拉伸的起始值和终止值，扫掠参数设置，进行抽壳时面的选择。		
5		查看客户需求单和客户提供的模型图纸。		
6		文件保存的位置、格式。		

实施说明：

（1）创建模型文件时，注意文件的命名。

（2）创建特征草图时，注意尺寸标注位置与模型图纸一致，方便检查。

（3）创建车身各个特征的三维造型时，注意顺序。

（4）设置特征参数时，要明白参数所表达的意思。

（5）审订造型特征时，一定要认真阅读客户需求单和客户提供的模型图纸。

（6）保存三维造型时，注意查看保存的位置。

	班　　级		第　　组	组长签字	
	教师签字		日　　期		
实施的评价	评语：				

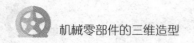

5. 进行三维造型的检查单

学习情境名称	跑车模型车身的三维造型		学　时	6 学时
典型工作过程描述	1. 填写图纸检验单—2. 排列绘图步骤—**3. 进行三维造型**—4. 审订三维模型—5. 交付客户验收			
序　号	检查项目 （具体步骤的检查）	检查标准	小组自查 （检查是否完成以下步骤，完成打√，没完成打×）	小组互查 （检查是否完成以下步骤，完成打√，没完成打×）
1	创建模型文件	将文件保存到对应的文件夹下面。		
2	创建特征草图	车身各个特征草图。		
3	选择造型特征	用拉伸、扫掠、抽壳等命令完成车身各个特征的三维造型。		
4	设置特征参数	拉伸的起始值和终止值，扫掠参数设置，进行抽壳时面的选择。		
5	审订造型特征	查看客户需求单和客户提供的模型图纸。		
6	保存三维造型	文件保存的位置、格式		

	班　级		第　　组	组长签字	
检查的评价	教师签字		日　期		
	评语：				

6. 进行三维造型的评价单

学习情境名称		跑车模型车身的三维造型		学　　时	6 学时
典型工作过程描述		1. 填写图纸检验单—2. 排列绘图步骤—**3. 进行三维造型**—4. 审订三维模型—5. 交付客户验收			
评价项目	评分维度	组长对每组的评分		教师评价	
小组 1 进行三维造型的阶段性结果	美观、时效、完整				
小组 2 进行三维造型的阶段性结果	美观、时效、完整				
小组 3 进行三维造型的阶段性结果	美观、时效、完整				
小组 4 进行三维造型的阶段性结果	美观、时效、完整				
评价的评价	班　　级		第　　组	组长签字	
	教师签字		日　　期		
	评语:				

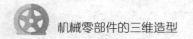

任务四　审订三维模型

1. 审订三维模型的资讯单

学习情境名称	跑车模型车身的三维造型	学　时	6 学时
典型工作过程描述	1. 填写图纸检验单—2. 排列绘图步骤—3. 进行三维造型—**4. 审订三维模型**—5. 交付客户验收		
收集资讯的方式	(1) 观察教师现场示范。 (2) 查看客户需求单的模型图纸。 (3) 查看教师提供的学习性工作任务单。		
资讯描述	(1) 观察教师示范，学会如何检查_____及参数设置。 (2) 通过客户需求单的车身模型图纸，检查车身外形尺寸 132、92、70、40、26、32、_____、20 是否正确，四处装配位尺寸_____、15、2 是否正确，车身厚度尺寸 2 是否正确，最后检查车身顶面尺寸 8、4、R3、25、R35、是否正确。 (3) 通过客户需求单的车身模型图纸，检查模型特征。		
对学生的要求	(1) 学生能根据客户订单检查特征是否正确。 (2) 检查草图_____是否正确。 (3) 学生会检查模型草图隐藏、着色效果和渲染效果。 (4) 学生需要检查文件的格式是否与客户需求单的要求一致。 (5) 学生需要具有耐心、仔细的态度。		
参考资料	(1) 客户需求单。 (2) 客户提供的车身模型图纸 SC-01。 (3) 学习性工作任务单。		

班　级		第　　组		组长签字	
教师签字		日　　期			
资讯的评价	评语：				

2. 审订三维模型的计划单

学习情境名称	跑车模型车身的三维造型	学　时	6 学时
典型工作过程描述	1. 填写图纸检验单—2. 排列绘图步骤—3. 进行三维造型—**4. 审订三维模型**—5. 交付客户验收		
计划制订的方式	（1）查看客户需求单。 （2）查看学习性工作任务单。		

序　号	具体工作步骤	注 意 事 项
1	审订_____特征	注意拉伸和扫掠的参数、抽壳时面的选择。
2	审订模型_____	草图尺寸标注方式与模型图纸一致。
3	审订模型_____	检查模型草图隐藏、着色效果和渲染效果。
4	审订_____格式	是否按_____需求单的要求保存。

计划的评价

班　级		第　组	组长签字	
教师签字		日　期		

评语：

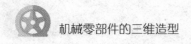

3. 审订三维模型的决策单

学习情境名称	跑车模型车身的三维造型		学　　时	6 学时
典型工作过程描述	1. 填写图纸检验单—2. 排列绘图步骤—3. 进行三维造型—**4. 审订三维模型**—5. 交付客户验收			
序　　号	以下哪项是完成"**4.审订三维模型**"这个典型工作环节的正确步骤？			正确与否 (正确打√，错误打×)
1	1. 审订模型尺寸—2. 审订模型特征—3. 审订模型效果—4. 审订文件格式			
2	1. 审订模型特征—2. 审订模型尺寸—3. 审订模型效果—4. 审订文件格式			
3	1. 审订模型效果—2. 审订模型尺寸—3. 审订模型特征—4. 审订文件格式			
4	1. 审订模型特征—2. 审订文件格式—3. 审订模型效果—4. 审订模型尺寸			

	班　级		第　　组	组长签字	
	教师签字		日　　期		
决策的评价	评语：				

4. 审订三维模型的实施单

学习情境名称	跑车模型车身的三维造型		学　　时	6 学时
典型工作过程描述	1. 填写图纸检验单—2. 排列绘图步骤—3. 进行三维造型—**4. 审订三维模型**—5. 交付客户验收			
序　　号	实施的具体步骤	注　意　事　项		自　　评
1		注意拉伸和扫掠的参数、抽壳时面的选择。		
2		草图尺寸标注方式与模型图纸一致。		
3		检查模型草图隐藏、着色效果和渲染效果。		
4		是否按客户需求单的要求保存。		

实施说明：

（1）检查特征时，注意检查拉伸、扫掠的参数设置以及抽壳时面的选择。

（2）检查模型尺寸时，注意草图尺寸与模型图纸，要准确无误。

（3）检查模型效果时，要完成模型草图隐藏、着色效果和渲染效果。

（4）检查文件格式时，要注意查看客户需求单，另存为.stp 格式。

	班　　级		第　　组		组长签字	
	教师签字		日　　期			
实施的评价	评语：					

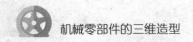机械零部件的三维造型

5. 审订三维模型的检查单

学习情境名称		跑车模型车身的三维造型			学　时	6 学时
典型工作过程描述		1. 填写图纸检验单—2. 排列绘图步骤—3. 进行三维造型—**4.** 审订三维模型—5. 交付客户验收				
序　号	检查项目（具体步骤的检查）	检 查 标 准		小组自查（检查是否完成以下步骤，完成打√，没完成打×）		小组互查（检查是否完成以下步骤，完成打✓，没完成打 ×）
1	审订模型特征	车身各个特征。				
2	审订模型尺寸	车身外形、车身顶面、装配位特征。				
3	审订模型效果	模型草图隐藏、着色效果和渲染效果。				
4	审订文件格式	软件原始格式、.stp 格式。				
检查的评价	班　级		第　组	组长签字		
	教师签字		日　期			
	评语：					

6. 审订三维模型的评价单

学习情境名称	跑车模型车身的三维造型		学　时	6 学时
典型工作过程描述	1. 填写图纸检验单—2. 排列绘图步骤—3. 进行三维造型—**4. 审订三维模型**—5. 交付客户验收			
评 价 项 目	评 分 维 度	组长对每组的评分	教 师 评 价	
小组 1 审订三维模型的阶段性结果	速度、严谨、正确性			
小组 2 审订三维模型的阶段性结果	速度、严谨、正确性			
小组 3 审订三维模型的阶段性结果	速度、严谨、正确性			
小组 4 审订三维模型的阶段性结果	速度、严谨、正确性			

	班　级		第　　组	组长签字	
	教师签字		日　期		
评价的评价	评语：				

165

任务五　交付客户验收

1. 交付客户验收的资讯单

学习情境名称	跑车模型车身的三维造型	学　时	6 学时
典型工作过程描述	1. 填写图纸检验单—2. 排列绘图步骤—3. 进行三维造型—4. 审订三维模型—**5. 交付客户验收**		
收集资讯的方式	(1) 查看客户需求单。 (2) 客户订单资料的存档归类演示。 (3) 查看教师提供的学习性工作任务单。		
资讯描述	(1) 查看客户需求单，明确客户的要求。 (2) 查看验收单收集案例，明确验收单收集的内容。 (3) 明确满足客户要求的资料内容。 (4) 查询资料，明确客户订单资料的存档方法。		
对学生的要求	(1) 仔细核对客户验收单是否满足＿＿＿＿的条件，履行契约精神。 (2) 学会归还客户订单原始资料，包括图纸 1 张、＿＿＿＿数据等，确保原始资料完好。 (3) 学会交付满足客户要求的资料，包括三维造型＿＿＿＿1 份、三维造型效果图 1 份等，做到细心、准确。 (4) 学会收回＿＿＿＿约定的验收单，包括原始资料归还的签收单、三维造型图的验收单、客户满意度反馈表等，在交付过程中做到诚实守信。 (5) 需要学生将客户的订单资料存档，并做好文档＿＿＿＿，以方便查阅。		
参考资料	(1) 客户需求单。 (2) 客户提供的模型图纸 SC-01。 (3) 学习性工作任务单。		

	班　　级		第　　组	组长签字	
	教师签字		日　　期		
资讯的评价	评语：				

2. 交付客户验收的计划单

学习情境名称	跑车模型车身的三维造型	学　时	6 学时
典型工作过程描述	1. 填写图纸检验单—2. 排列绘图步骤—3. 进行三维造型—4. 审订三维模型—**5. 交付客户验收**		
计划制订的方式	（1）查看客户验收单。 （2）查看教师提供的学习资料。		

序　号	具体工作步骤	注 意 事 项
1	_____客户验收单	查看_____，确定是否可以交付。
2	归还客户订单原始资料	图纸 1 张、模型数据。
3	_____造型图等资料	三维造型电子档 1 份、三维造型效果图 1 份。
4	_____客户验收单	原始资料归还的签收单、三维造型图的验收单、客户满意度反馈表。
5	_____订单资料	客户验收单、三维造型电子档存档规范。

班　级		第　　组	组长签字	
教师签字		日　期		
评语：				

计划的评价

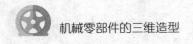

3. 交付客户验收的决策单

学习情境名称	跑车模型车身的三维造型	学　时	6 学时
典型工作过程描述	1. 填写图纸检验单—2. 排列绘图步骤—3. 进行三维造型—4. 审订三维模型—**5. 交付客户验收**		
序号	以下哪项是完成"5.交付客户验收"这个典型工作环节的正确步骤？	正确与否（正确打√，错误打×）	
1	1. 核对客户验收单—2. 归还客户订单原始资料—3. 交付造型图等资料—4. 收回客户验收单—5. 归档订单资料		
2	1. 归档订单资料—2. 归还客户订单原始资料—3. 交付造型图等资料—4. 收回客户验收单—5. 核对客户验收单		
3	1. 收回客户验收单—2. 归还客户订单原始资料—3. 交付造型图等资料—4.核对客户验收单—5. 归档订单资料		
4	1. 交付造型图等资料—2. 归还客户订单原始资料—3. 核对客户验收单—4. 收回客户验收单—5. 归档订单资料		

	班　级		第　　组	组长签字	
	教师签字		日　　期		
决策的评价	评语：				

4. 交付客户验收的实施单

学习情境名称	跑车模型车身的三维造型		学　时	6学时
典型工作过程描述	1. 填写图纸检验单—2. 排列绘图步骤—3. 进行三维造型—4. 审订三维模型—5. 交付客户验收			
序　号	实施的具体步骤	注　意　事　项		自　评
1		查看客户验收单，确定是否可以交付。		
2		图纸1张、模型数据。		
3		三维造型电子档1份、三维造型效果图1份。		
4		原始资料归还的签收单、三维造型图的验收单、客户满意度反馈表。		
5		客户验收单、三维造型电子档存档规范。		

实施说明：

（1）学生要认真、仔细地核对客户验收单，保证交付正确。

（2）学生要归还客户提供的所有原始资料，可以跟签收单对照。

（3）学生要交付三维造型、纸质资料等。

（4）学生要明确收回哪些单据。

（5）学生在归档订单资料时，资料整理一定要规范，以方便查找。

	班　级		第　组	组长签字	
	教师签字		日　期		
实施的评价	评语：				

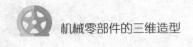 机械零部件的三维造型

5. 交付客户验收的检查单

学习情境名称		跑车模型车身的三维造型		学 时	6 学时
典型工作过程描述		1. 填写图纸检验单—2. 排列绘图步骤—3. 进行三维造型—4. 审订三维模型—5. 交付客户验收			
序 号	检查项目 （具体步骤的检查）	检查标准	小组自查 （检查是否完成以下步骤，完成打√，没完成打×）	小组互查 （检查是否完成以下步骤，完成打√，没完成打×）	
1	核对客户验收单	客户验收单满足交付条件。			
2	归还客户订单原始资料	图纸 1 张、模型数据。			
3	交付造型图等资料	三维造型电子档 1 份、三维造型效果图 1 份。			
4	收回客户验收单	原始资料归还的签收单、三维造型图的验收单、客户满意度反馈表。			
5	归档订单资料	客户验收单、三维造型电子档存档规范。			

检查的评价	班 级		第 组	组长签字	
	教师签字		日 期		
	评语：				

170

6. 交付客户验收的评价单

学习情境名称	跑车模型车身的三维造型		学　　时	6 学时
典型工作过程描述	1. 填写图纸检验单—2. 排列绘图步骤—3. 进行三维造型—4. 审订三维模型—5. 交付客户验收			
评价项目	评分维度	组长对每组的评分	教师评价	
小组 1 交付客户验收的阶段性结果	诚信、完整、时效			
小组 2 交付客户验收的阶段性结果	诚信、完整、时效			
小组 3 交付客户验收的阶段性结果	诚信、完整、时效			
小组 4 交付客户验收的阶段性结果	诚信、完整、时效			

	班　　级		第　　组	组长签字	
评价的评价	教师签字		日　　期		
	评语：				

学习情境六　跑车模型车体的三维装配

客户需求单

客户需求

（1）完整的车体装配。

（2）车身、前翼和后翼要完整装配，不能随意移动。

（3）请在 1 小时内完成，完成后的文件保存为.prt 原文件和.stp 格式，文件全部提交。

客户图纸

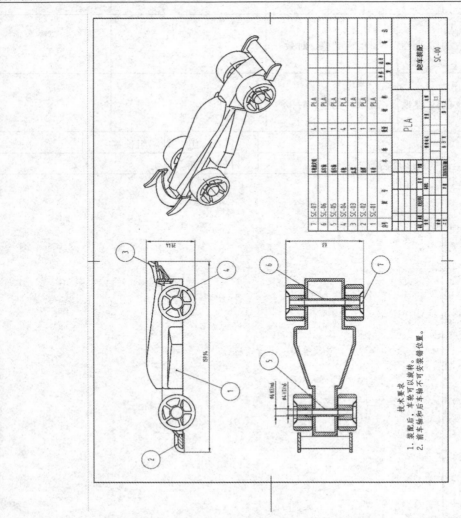

学习性工作任务单

学习情境名称	跑车模型车体的三维装配	学　时	4 学时
典型工作过程描述	1. 填写图纸检验单—2. 导入模型零件—3. 进行零件装配—4. 审订装配结果—5. 交付客户验收		
学习目标	**1. 填写图纸检验单** 　1.1　填写装配零件的数量； 　1.2　填写装配的外形尺寸； 　1.3　填写装配零件的配合公差； 　1.4　填写零件装配的约束关系； 　1.5　填写零件装配的技术要求。 **2. 导入模型零件** 　2.1　创建装配文件； 　2.2　导入参考零件； 　2.3　固定参考零件； 　2.4　导入装配零件； 　2.5　检查导入数量。 **3. 进行零件装配** 　3.1　确定关联零件； 　3.2　选择约束命令； 　3.3　选择约束关系； 　3.4　选择约束元素； 　3.5　检查约束完整性； 　3.6　保存文件。 **4. 审订装配结果** 　4.1　检查装配零件的数量； 　4.2　检查装配的外形尺寸； 　4.3　检查零件装配的约束关系； 　4.4　检查整体装配的干涉情况； 　4.5　检查文件格式。 **5. 交付客户验收** 　5.1　核对客户验收单； 　5.2　归还客户订单原始资料； 　5.3　交付装配图等文件； 　5.4　收回客户验收单； 　5.5　归档订单资料。		

任务描述	（1）填写图纸检验单。第一，从 8 页图纸中找到第 1 页，图纸名称为跑车装配图。第二，查看标题栏，检查需要装配的对应零件和数量，避免发生缺少零件的状况。第三，查看跑车装配后的总长（159.94）、总宽（63）、总高（39.44）3 个外形尺寸。第四，查看零件装配的约束关系，检查图纸是否有完整的装配方法。 （2）导入模型零件。第一，创建文件，要注意创建模型文件和装配文件的区别，将其命名为"跑车车体装配"。第二，根据装配图，选定车身作为第一个导入零件，后续的前翼和后翼将以车身为装配基准。第三，给车身添加一个固定约束，保证在装配过程中有一个确定的位置。第四，重复导入命令，将前翼和后翼导入。 （3）进行零件装配。第一，选择车身和前翼为装配对象，打开约束命令。第二，查看图纸所示的配合位置，车身前端的方形槽与前翼的方形凸台要完全配合，由于配合的位置全是由平面组成的，因此，选择的约束关系为"接触"。第三，根据图纸要求，将车身前端方形槽和前翼凸台对应的平面一一重合，注意平面不要选错，以避免装配错位。第四，手动拖动前翼，检查是否约束完整。第五，选择车身和后翼为装配对象，重复第二、三、四步，完成装配，保存文件。 （4）审订装配结果。第一，从装配窗口参看装配结构树，检查零件数量是否齐全。第二，通过测量命令查看图纸对应尺寸，即总长（159.94）、总宽（63）、总高（39.44）3 个外形尺寸是否达标。第三，在结构树中检查各项约束，是否有过约束现象；通过查看装配模型判断是否存在模型偏移的情况。第四，通过间隙分析命令检查各零件之间是否存在干涉现象。第五，检查文件格式是否符合任务要求。 （5）交付客户验收。第一，核对客户验收单是否满足交付条件。第二，归还客户订单原始资料，包括图纸 1 张、模型数据等，保证原始资料的完整。第三，交付满足客户要求的三维装配电子档 1 份、三维装配效果图 1 份等。第四，收回双方约定的验收单，包括原始资料归还的签收单、三维装配图的验收单、客户满意度反馈表等。第五，将客户的订单资料存档，包括客户验收单、三维装配电子档等，注意对客户资料的保密等特定要求。

学时安排	资讯 0.4 学时	计划 0.4 学时	决策 0.4 学时	实施 2 学时	检查 0.4 学时	评价 0.4 学时

对学生的要求	（1）填写图纸检验单。第一，学会查看标题栏，检查需要装配的对应零件和数量，避免发生缺少零件的状况。第二，通过查看跑车装配后的总长（159.94）、总宽（63）、总高（39.44）3 个外形尺寸，对跑车的大小有一个直观的了解。第三，通过查看零件装配的约束关系，检查图纸是否有完整的装配方法，了解整个装配的安装原理。 （2）导入模型零件。第一，创建文件时一定要注意文件命名。第二，第一个导入的零件必须有一个固定的约束。第三，导入需要装配的零件后，要检查零件是否齐全，不要有遗漏。 （3）进行零件装配。第一，装配过程中要循序渐进，完成一个零件的装配后，才能进行下一个零件的装配，避免混乱。第二，认真看图，确定零件装配位置。第三，认真检查，以免出现缺少约束的情况。 （4）审订装配结果。第一，学会查看装配结构树，检查零件数量。第二，学会在结构树中检查各项约束，判断是否有过约束现象。第三，学会使用间隙分析命令，通过分析窗口提示的"硬干涉"，找到干涉位置并修改装配参数，以达到图纸要求。

对学生的要求	（5）交付客户验收。第一，仔细核对客户验收单是否满足交付的条件，履行契约精神。第二，学会归还客户订单原始资料，包括图纸1张、模型数据等，确保原始资料完好。第三，学会交付满足客户要求的资料，包括三维装配电子档1份、三维装配效果图1份等，做到细心、准确。第四，学会收回双方约定的验收单，包括原始资料归还的签收单、三维装配图的验收单、客户满意度反馈表等，做到诚实守信。第五，学生需要将客户的订单资料存档，并做好文档归类，以方便查阅。
参考资料	（1）客户需求单。 （2）客户提供的模型图纸SC-00。 （3）学习通平台上的"机械零部件的三维装配"课程中情境6跑车模型车体的三维装配教学资源。 （4）《中文版 UG NX 12.0 从入门到精通（实战案例版）》，中国水利水电出版社，2018年9月，479～484页。

教学和学习方式与流程	典型工作环节	教学和学习的方式					
	1. 填写图纸检验单	资讯	计划	决策	实施	检查	评价
	2. 导入模型零件	资讯	计划	决策	实施	检查	评价
	3. 进行零件装配	资讯	计划	决策	实施	检查	评价
	4. 审订装配结果	资讯	计划	决策	实施	检查	评价
	5. 交付客户验收	资讯	计划	决策	实施	检查	评价

材料工具清单

学习情境名称	跑车模型车体的三维装配				学 时	4 学时	
典型工作过程描述	1. 填写图纸检验单—2. 导入模型零件—3. 进行零件装配—4. 审订装配结果—5. 交付客户验收						
典型工作过程	序 号	名 称	作 用	数 量	型 号	使 用 量	使 用 者
1. 填写图纸检验单	1	装配图纸	参考	1 张		1 张	学生
	2	圆珠笔	填表	1 支		1 支	学生
2. 导入模型零件	3	机房	上课	1 间		1 间	学生
3. 进行零件装配	4	UG NX 12.0	绘图	1 套		1 套	学生
4. 审订装配结果	5	UG NX 12.0	绘图	1 套		1 套	学生
5. 交付客户验收	6	文件夹	存档	1 个		1 个	学生
班 级		第 组		组长签字			
教师签字		日 期					

任务一 填写图纸检验单

1. 填写图纸检验单的资讯单

学习情境名称	跑车模型车体的三维装配	学 时	4 学时
典型工作过程描述	**1. 填写图纸检验单**—2. 导入模型零件—3. 进行零件装配—4. 审订装配结果—5. 交付客户验收		
收集资讯的方式	（1）查看客户需求单。 （2）查看教师提供的学习性工作任务单。 （3）查看客户提供的装配图纸 SC-00。		
资讯描述	（1）让学生查看客户需求单，明确车体的三维装配的要求。 （2）通过查看装配图纸 SC-00，获取_____、_____、_____等数据。 （3）将得到的数据填写在图纸检验单上。		
对学生的要求	（1）学会查看_____，检查需要装配的对应零件和数量，避免发生缺少零件的状况，做到细致、严谨。 （2）通过查看跑车装配后的总长（159.94）、总宽（63）、总高（39.44）3个外形尺寸，对跑车的大小有一个直观的了解。 （3）通过查看零件装配的_____，检查图纸是否有完整的装配方法，了解整个装配的安装原理。		
参考资料	（1）客户需求单。 （2）客户提供的模型图纸 SC-00。		

	班 级		第 组	组长签字	
	教师签字		日 期		
资讯的评价	评语：				

2. 填写图纸检验单的计划单

学习情境名称	跑车模型车体的三维装配	学　时	4 学时
典型工作过程 描述	**1. 填写图纸检验单**—2. 导入模型零件—3. 进行零件装配—4. 审订装配结果—5. 交付客户验收		
计划制订的方式	（1）查看客户订单。 （2）查看学习性工作任务单。 （3）咨询教师。		

序　号	具体工作步骤	注　意　事　项
1	填写装配零件的数量	从标题栏中查看零件名称、零件数量。
2	填写装配的外形尺寸	总长：＿＿＿＿；总宽：＿＿＿＿；总高：＿＿＿＿。
3	填写装配零件的配合公差	配合公差在车轮和车轴配合处。
4	填写零件装配的＿＿＿＿关系	是否完整表述装配方法。
5	填写零件装配的＿＿＿＿	注意有没有零件摆放状态的要求。

班　级		第　　组		组长签字	
教师签字		日　　期			

计划的评价	评语：

3. 填写图纸检验单的决策单

学习情境名称	跑车模型车体的三维装配		学　时	4 学时
典型工作过程描述	**1. 填写图纸检验单**—2. 导入模型零件—3. 进行零件装配—4. 审订装配结果—5. 交付客户验收			
序　号	以下哪项是完成"1.填写图纸检验单"这个典型工作环节的正确步骤？		正确与否（正确打√，错误打×）	
1	1. 填写装配零件的数量—2. 填写装配的外形尺寸—3. 填写装配零件的配合公差—4. 填写零件装配的约束关系—5. 填写零件装配的技术要求			
2	1. 填写零件装配的约束关系—2. 填写装配的外形尺寸—3. 填写装配零件的配合公差—4. 填写装配零件的数量—5. 填写零件装配的技术要求			
3	1. 填写零件装配的技术要求—2. 填写装配零件的配合公差—3. 填写装配的外形尺寸—4. 填写零件装配的约束关系—5. 填写装配零件的数量			
4	1. 填写装配零件的配合公差—2. 填写装配的外形尺寸—3. 填写零件装配的约束关系—4. 填写装配零件的数量—5. 填写零件装配的技术要求			
决策的评价	班　级		第　组	组长签字	
	教师签字		日　期		
	评语：				

4. 填写图纸检验单的实施单

学习情境名称	跑车模型车体的三维装配		学　　时	4 学时
典型工作过程描述	**1.** 填写图纸检验单—2. 导入模型零件—3. 进行零件装配—4. 审订装配结果—5. 交付客户验收			
序　　号	实施的具体步骤	注 意 事 项		自　　评
1		从标题栏中查看零件名称、零件数量。		
2		总长为 159.94，总宽为 63，总高为 39.44。		
3		配合公差在车轮和车轴配合处。		
4		是否完整表述装配方法。		
5		注意有没有零件摆放状态的要求。		

实施说明：

（1）学生要认真核对装配图，保证图纸正确。

（2）学生要认真查看标题栏，对照已有的零件和数量。

（3）学生要注意总体尺寸。

（4）学生要认真梳理各零件之间的约束关系。

	班　　级		第　　组	组长签字	
	教师签字		日　　期		
实施的评价	评语：				

5. 填写图纸检验单的检查单

学习情境名称	跑车模型车体的三维装配		学　时	4 学时
典型工作过程描述	1. 填写图纸检验单—2. 导入模型零件—3. 进行零件装配—4. 审订装配结果—5. 交付客户验收			
序　号	检查项目 （具体步骤的检查）	检查标准	小组自查 （检查是否完成以下步骤，完成打√，没完成打×）	小组互查 （检查是否完成以下步骤，完成打√，没完成打×）
1	填写装配零件的数量	零件名称、零件数量。		
2	填写装配的外形尺寸	总长为 159.94，总宽为 63，总高为 39.44。		
3	填写装配零件的配合公差	配合公差在车轮和车轴配合处。		
4	填写零件装配的约束关系	完整表述装配方法。		
5	填写零件装配的技术要求	零件摆放状态的要求。		

	班　级		第　　组	组长签字	
	教师签字		日　　期		
检查的评价	评语：				

6. 填写图纸检验单的评价单

学习情境名称	跑车模型车体的三维装配		学　　时	4 学时
典型工作过程描述	1. 填写图纸检验单—2. 导入模型零件—3. 进行零件装配—4. 审订装配结果—5. 交付客户验收			
评价项目	评分维度	组长对每组的评分		教师评价
小组 1 填写图纸检验单的阶段性结果	完整、时效、准确			
小组 2 填写图纸检验单的阶段性结果	完整、时效、准确			
小组 3 填写图纸检验单的阶段性结果	完整、时效、准确			
小组 4 填写图纸检验单的阶段性结果	完整、时效、准确			
	班　　级		第　　组	组长签字
	教师签字		日　　期	
评价的评价	评语：			

任务二　导入模型零件

1. 导入模型零件的资讯单

学习情境名称	跑车模型车体的三维装配	学　时	4 学时
典型工作过程描述	1. 填写图纸检验单—**2. 导入模型零件**—3. 进行零件装配—4. 审订装配结果—5. 交付客户验收		
收集资讯的方式	（1）查看客户需求单。 （2）查看教师提供的学习性工作任务单。 （3）查看客户提供的装配图纸 SC-00。 （4）查看已绘制完成的车体、前翼、后翼 3 个零件。		
资讯描述	（1）让学生查看_____，明确车体的_____的要求。 （2）在 UG NX 软件中，新建_____。 （3）导入已绘制完成的车体、前翼、后翼 3 个零件。		
对学生的要求	（1）创建文件时一定要注意文件命名。 （2）第一个导入的零件必须要有一个固定的_____。 （3）导入需要装配的零件后要检查是否齐全，不要遗漏_____。		
参考资料	（1）客户需求单。 （2）客户提供的模型图纸 SC-00。 （3）《中文版 UG NX 12.0 从入门到精通（实战案例版）》，中国水利水电出版社，2018 年 9 月，479～484 页。		

	班　级		第　　组	组长签字	
	教师签字		日　　期		
资讯的评价	评语：				

2. 导入模型零件的计划单

学习情境名称	跑车模型车体的三维装配	学　时	4 学时
典型工作过程 描述	1. 填写图纸检验单—**2. 导入模型零件**—3. 进行零件装配—4. 审订装配结果—5. 交付客户验收		
计划制订的方式	（1）咨询教师。 （2）查找类似的教学视频。		

序　号	具体工作步骤	注 意 事 项
1	创建_____文件	区分模型文件和装配文件，注意_____。
2	导入参考零件	将车身导入位置直接设置为_____。
3	固定参考零件	不能缺少，避免出现_____。
4	导入装配零件	导入前翼和后翼。
5	检查导入数量	总共_____个零件。

班　级		第　组	组长签字	
教师签字		日　期		
评语：				

计划的评价

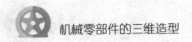

3. 导入模型零件的决策单

学习情境名称	跑车模型车体的三维装配		学 时	4学时
典型工作过程描述	1. 填写图纸检验单—**2. 导入模型零件**—3. 进行零件装配—4. 审订装配结果—5. 交付客户验收			
序 号	以下哪项是完成"2.导入模型零件"这个典型工作环节的正确步骤？		正确与否 （正确打√，错误打×）	
1	1. 创建装配文件—2. 导入参考零件—3. 固定参考零件—4. 导入装配零件—5. 检查导入数量			
2	1. 创建装配文件—2. 导入装配零件—3. 导入参考零件—4. 固定参考零件—5. 检查导入数量			
3	1. 创建装配文件—2. 检查导入数量—3. 导入参考零件—4. 固定参考零件—5. 导入装配零件			
4	1. 检查导入数量—2. 导入参考零件—3. 固定参考零件—4. 导入装配零件—5. 创建装配文件			

	班 级		第 组	组长签字	
决策的评价	教师签字		日 期		
	评语：				

4. 导入模型零件的实施单

学习情境名称	跑车模型车体的三维装配		学 时	4 学时
典型工作过程描述	1. 填写图纸检验单—**2. 导入模型零件**—3. 进行零件装配—4. 审订装配结果—5. 交付客户验收			
序 号	实施的具体步骤	注 意 事 项	自 评	
1		区分模型文件和装配文件，注意文件命名。		
2		将车身导入位置直接设置为坐标原点。		
3		不能缺少，避免出现装配偏移。		
4		导入前翼和后翼。		
5		总共两个零件。		

实施说明：

（1）学生在创建文件时一定要注意文件命名。

（2）第一个导入的零件必须要有一个固定的约束。

（3）导入需要装配的零件后要检查是否齐全，不要遗漏零件。

	班 级		第 组	组长签字	
实施的评价	教师签字		日 期		
	评语：				

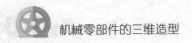 机械零部件的三维造型

5. 导入模型零件的检查单

学习情境名称	跑车模型车体的三维装配		学 时	4 学时
典型工作过程描述	1. 填写图纸检验单—**2. 导入模型零件**—3. 进行零件装配—4. 审订装配结果—5. 交付客户验收			

序 号	检查项目 (具体步骤的检查)	检 查 标 准	小组自查 (检查是否完成以下步骤,完成打√,没完成打×)	小组互查 (检查是否完成以下步骤,完成打√,没完成打×)
1	创建装配文件	区分模型文件和装配文件,注意文件命名。		
2	导入参考零件	将车身导入位置直接设置为坐标原点。		
3	固定参考零件	不能缺少,避免出现装配偏移。		
4	导入装配零件	导入前翼和后翼。		
5	检查导入数量	总共两个零件。		

	班 级		第 组	组长签字	
检查的评价	教师签字		日 期		
	评语:				

6. 导入模型零件的评价单

学习情境名称	跑车模型车体的三维装配		学　时	4 学时
典型工作过程描述	1. 填写图纸检验单—2. 导入模型零件—3. 进行零件装配—4. 审订装配结果—5. 交付客户验收			
评价项目	评分维度	组长对每组的评分		教师评价
小组 1 导入模型零件的阶段性结果	完整、时效、准确			
小组 2 导入模型零件的阶段性结果	完整、时效、准确			
小组 3 导入模型零件的阶段性结果	完整、时效、准确			
小组 4 导入模型零件的阶段性结果	完整、时效、准确			
	班　级		第　　组	组长签字	
	教师签字		日　期		
评价的评价	评语：			

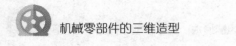

任务三　进行零件装配

1. 进行零件装配的资讯单

学习情境名称	跑车模型车体的三维装配	学　时	4 学时
典型工作过程描述	1. 填写图纸检验单—2. 导入模型零件—**3. 进行零件装配**—4. 审订装配结果—5. 交付客户验收		
收集资讯的方式	（1）查看客户需求单。 （2）查看教师提供的学习性工作任务单。 （3）查看客户提供的装配图纸 SC-00。 （4）查看学习通平台上的"机械零部件的三维装配"课程中情境 6 跑车模型车体的三维装配教学资源。		
资讯描述	（1）让学生查看客户需求单，明确车体的_____的要求。 （2）学习"跑车模型车体的三维装配"微课，完成车体和前翼、后翼的_____。 （3）检查车身与前翼、后翼的约束是否完整。		
对学生的要求	（1）装配过程中要循序渐进，完成一个_____的装配后，才能进行下一个零件的装配，避免混乱。 （2）认真看图，确定零件_____位置。 （3）认真检查，以免出现缺少_____的情况。		
参考资料	（1）客户需求单。 （2）客户提供的模型图纸 SC-00。 （3）学习通平台上的"机械零部件的三维装配"课程中情境 6 跑车模型车体的三维装配教学资源。 （4）《中文版 UG NX 12.0 从入门到精通（实战案例版）》，中国水利水电出版社，2018 年 9 月，479～484 页。		
资讯的评价	班　级		第　　组	组长签字	
	教师签字		日　期		
	评语：				

2. 进行零件装配的计划单

学习情境名称	跑车模型车体的三维装配		学　　时	4学时
典型工作过程描述	1. 填写图纸检验单—2. 导入模型零件—**3. 进行零件装配**—4. 审订装配结果—5. 交付客户验收			
计划制订的方式	（1）查看教师提供的教学资料。 （2）通过任务书自行试操作。			

序　　号	具体工作步骤	注　意　事　项
1	确定关联零件	车身和前翼、后翼。
2	选择约束＿＿＿＿	选择装配模块里的约束。
3	选择约束＿＿＿＿	选择"＿＿＿"约束。
4	选择约束元素	车身和前翼、后翼的＿＿＿＿。
5	检查约束完整性	手动拖动前翼和后翼，检查＿＿＿是否完成。
6	保存文件	保存为指定的格式。

班　　级		第　　组	组长签字	
教师签字		日　　期		
	评语：			

计划的评价

3. 进行零件装配的决策单

学习情境名称	跑车模型车体的三维装配	学　　时	4 学时
典型工作过程 描述	1. 填写图纸检验单—2. 导入模型零件—**3. 进行零件装配**—4. 审订装配 结果—5. 交付客户验收		
序　　号	以下哪项是完成"3.进行零件装配"这个典型工作环节的正确步骤？	正确与否 （正确打√，错误打×）	
1	1. 检查约束完整性—2. 选择约束命令—3. 选择约束关系— 4. 选择约束元素—5. 确定关联零件—6. 保存文件		
2	1. 确定关联零件—2. 选择约束关系—3. 选择约束元素—4. 选 择约束命令—5. 检查约束完整性—6. 保存文件		
3	1. 确定关联零件—2. 选择约束命令—3. 选择约束关系—4. 选 择约束元素—5. 检查约束完整性—6. 保存文件		
4	1. 选择约束命令—2. 选择约束关系—3. 选择约束元素—4. 检 查约束完整性—5. 确定关联零件—6. 保存文件		

	班　　级		第　　组		组长签字	
	教师签字		日　　期			
决策的评价	评语：					

4. 进行零件装配的实施单

学习情境名称	跑车模型车体的三维装配		学　时	4 学时
典型工作过程描述	1. 填写图纸检验单—2. 导入模型零件—**3. 进行零件装配**—4. 审订装配结果—5. 交付客户验收			
序　号	实施的具体步骤	注　意　事　项	自　　评	
1		车身和前翼、后翼。		
2		选择装配模块里的约束。		
3		选择"接触"约束。		
4		车身和前翼、后翼的配合面。		
5		手动拖动前翼和后翼，检查约束是否完成。		
6		保存为指定的格式。		

实施说明：

（1）装配过程中要循序渐进，完成一个零件的装配后，才能进行下一个零件的装配，避免混乱。

（2）认真看图，确定零件装配位置。

（3）认真检查，以免出现缺少约束的情况。

班　级		第　组	组长签字	
教师签字		日　期		
实施的评价	评语：			

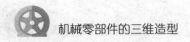

5. 进行零件装配的检查单

学习情境名称	跑车模型车体的三维装配		学　时	4 学时
典型工作过程描述	1. 填写图纸检验单—2. 导入模型零件—**3. 进行零件装配**—4. 审订装配结果—5. 交付客户验收			
序　号	检查项目 （具体步骤的检查）	检查标准	小组自查 （检查是否完成以下步骤，完成打√，没完成打×）	小组互查 （检查是否完成以下步骤，完成打√，没完成打×）
1	确定关联零件	车身和前翼、后翼。		
2	选择约束命令	选择装配模块里的约束。		
3	选择约束关系	选择"接触"约束。		
4	选择约束元素	车身和前翼、后翼的配合面。		
5	检查约束完整性	手动拖动前翼和后翼，约束完成。		
6	保存文件	保存为指定的格式。		

	班　级		第　　组	组长签字	
	教师签字		日　期		
检查的评价	评语：				

6. 进行零件装配的评价单

学习情境名称	跑车模型车体的三维装配		学　时	4 学时
典型工作过程描述	1. 填写图纸检验单—2. 导入模型零件—**3. 进行零件装配**—4. 审订装配结果—5. 交付客户验收			
评价项目	评分维度	组长对每组的评分		教师评价
小组 1 进行零件装配的阶段性结果	完整、时效、准确			
小组 2 进行零件装配的阶段性结果	完整、时效、准确			
小组 3 进行零件装配的阶段性结果	完整、时效、准确			
小组 4 进行零件装配的阶段性结果	完整、时效、准确			

评价的评价	班　级		第　　组	组长签字
	教师签字		日　　期	
	评语：			

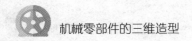

任务四　审订装配结果

1. 审订装配结果的资讯单

学习情境名称	跑车模型车体的三维装配	学　时	4 学时
典型工作过程描述	1. 填写图纸检验单—2. 导入模型零件—3. 进行零件装配—**4. 审订装配结果**—5. 交付客户验收		
收集资讯的方式	（1）查看客户需求单。 （2）查看教师提供的学习性工作任务单。 （3）查看客户提供的装配图纸 SC-00。 （4）查看学习通平台上的"机械零部件的三维装配"课程中情境 6 跑车模型车体的三维装配教学资源。		
资讯描述	（1）通过装配结构树检查装配中零件的数量。 （2）根据客户需求单中跑车模型车体的图纸，检查_____是否正确。 （3）通过结构树检查模型约束情况。 （4）通过间隙分析命令检查_____情况。		
对学生的要求	（1）学生学会查看_____，检查零件数量。 （2）学生学会测量和检查模型总体尺寸。 （3）学生学会在结构树中检查各项约束，判断是否有过约束现象。 （4）学生学会使用间隙分析命令，通过分析窗口提示的_____，找到干涉位置并修改_____，以达到图纸要求。 （5）学生能检查文件的格式是否与客户需求单的要求一致。		
参考资料	（1）客户需求单。 （2）客户提供的跑车模型车体的图纸 SC-00。 （3）学习性工作任务单。		

班　级		第　　组	组长签字	
教师签字		日　期		

资讯的评价	评语：

2. 审订装配结果的计划单

学习情境名称	跑车模型车体的三维装配		学　　时	4 学时
典型工作过程描述	1. 填写图纸检验单—2. 导入模型零件—3. 进行零件装配—**4. 审订装配结果**—5. 交付客户验收			
计划制订的方式	(1) 查看客户需求单。 (2) 查看学习性工作任务单。			
序　　号	具体工作步骤		注　意　事　项	
1	检查装配零件的数量		查看装配_____，检查零件数量是否齐全。	
2	检查装配的_____		测量总长（159.94）、总宽（63）、总高（39.44）3 个外形尺寸是否达标。	
3	检查零件装配的约束关系		查看是否存在_____现象和模型偏移情况。	
4	检查_____的干涉情况		检查零件之间是否存在_____。	
5	检查文件格式		是否按客户需求单的要求保存。	
	班　　级		第　　组	组长签字	
	教师签字		日　　期		
	评语：				
计划的评价					

3. 审订装配结果的决策单

学习情境名称	跑车模型车体的三维装配	学　时	4 学时
典型工作过程描述	1. 填写图纸检验单—2. 导入模型零件—3. 进行零件装配—**4. 审订装配结果**—5. 交付客户验收		
序　号	以下哪项是完成"**4.审订装配结果**"这个典型工作环节的正确步骤？		正确与否 （正确打√，错误打×）
1	1. 检查文件格式—2. 检查装配的外形尺寸—3. 检查装配零件的数量—4. 检查整体装配的干涉情况—5. 检查零件装配的约束关系		
2	1. 检查零件装配的约束关系—2. 检查装配的外形尺寸—3. 检查文件格式—4. 检查整体装配的干涉情况—5. 检查装配零件的数量		
3	1. 检查装配零件的数量—2. 检查文件格式—3. 检查装配的外形尺寸—4. 检查零件装配的约束关系—5. 检查整体装配的干涉情况		
4	1. 检查装配零件的数量—2. 检查装配的外形尺寸—3. 检查零件装配的约束关系—4. 检查整体装配的干涉情况—5. 检查文件格式		

决策的评价	班　级		第　　组	组长签字	
	教师签字		日　期		
	评语：				

4. 审订装配结果的实施单

学习情境名称	跑车模型车体的三维装配		学　　时	4 学时
典型工作过程描述	1. 填写图纸检验单—2. 导入模型零件—3. 进行零件装配—**4. 审订装配结果**—5. 交付客户验收			

序　号	实施的具体步骤	注　意　事　项	自　　评
1		查看装配结构树，检查零件数量是否齐全。	
2		测量总长（159.94）、总宽（63）、总高（39.44）3 个外形尺寸是否达标。	
3		查看是否存在过约束现象和模型偏移情况。	
4		检查零件之间是否存在干涉现象。	
5		是否按客户需求单的要求保存。	

实施说明：

（1）检查数量时，要从装配窗口查看装配结构树，以便于检查装配零件数量是否齐全。

（2）检查外形尺寸时，要使用测量命令查看图纸对应总长（159.94）、总宽（63）、总高（39.44）3 个外形尺寸是否达标。

（3）检查约束关系时，要注意在结构树中检查各项约束是否有过约束现象，通过查看装配模型，判断是否存在模型偏移的情况。

（4）检查干涉情况时，要通过间隙分析命令检查各零件之间是否存在干涉现象。

（5）检查文件格式时，要注意查看客户需求单，另存为.stp 格式。

	班　级		第　　组	组长签字	
	教师签字		日　　期		
实施的评价	评语：				

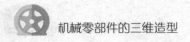

5. 审订装配结果的检查单

学习情境名称	跑车模型车体的三维装配		学　　时	4 学时
典型工作过程描述	1. 填写图纸检验单—2. 导入模型零件—3. 进行零件装配—**4.** 审订装配结果—5. 交付客户验收			
序　　号	检查项目 （具体步骤的检查）	检查标准	小组自查 （检查是否完成以下步骤，完成打√，没完成打×）	小组互查 （检查是否完成以下步骤，完成打√，没完成打×）
1	检查装配零件的数量	查看装配结构树，零件数量齐全。		
2	检查装配的外形尺寸	测量总长（159.94）、总宽（63）、总高（39.44）3 个外形尺寸达标。		
3	检查零件装配的约束关系	不存在过约束现象和模型偏移情况。		
4	检查整体装配的干涉情况	零件之间不存在干涉现象。		
5	检查文件格式	按客户需求单的要求保存。		

检查的评价	班　　级		第　　组	组长签字	
	教师签字		日　　期		
	评语：				

6. 审订装配结果的评价单

学习情境名称	跑车模型车体的三维装配		学　时	4 学时
典型工作过程 描述	1. 填写图纸检验单—2. 导入模型零件—3. 进行零件装配—**4. 审订装配 结果**—5. 交付客户验收			
评价项目	评分维度	组长对每组的评分		教师评价
小组 1 审订装配结果的阶 段性结果	速度、严谨、正确			
小组 2 审订装配结果的阶 段性结果	速度、严谨、正确			
小组 3 审订装配结果的阶 段性结果	速度、严谨、正确			
小组 4 审订装配结果的阶 段性结果	速度、严谨、正确			

	班　级		第　　组	组长签字	
	教师签字		日　期		
评价的评价	评语：				

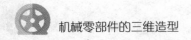 机械零部件的三维造型

任务五　交付客户验收

1. 交付客户验收的资讯单

学习情境名称	跑车模型车体的三维装配	学　时	4 学时
典型工作过程描述	1. 填写图纸检验单—2. 导入模型零件—3. 进行零件装配—4. 审订装配结果—**5. 交付客户验收**		
收集资讯的方式	（1）查看客户需求单。 （2）客户订单资料的存档归类演示。 （3）查看教师提供的学习性工作任务单。		
资讯描述	（1）查看客户需求单，明确客户的要求。 （2）查看验收单收集案例，明确验收单收集的内容。 （3）明确满足＿＿＿＿要求的资料内容。 （4）查询资料，明确客户订单资料的存档方法。		
对学生的要求	（1）仔细核对客户验收单是否满足交付的条件，履行契约精神。 （2）学会归还客户订单原始资料，包括图纸＿＿＿张、模型数据等，确保原始资料完好。 （3）学会交付满足客户要求的资料，包括三维装配电子档＿＿＿份、三维装配效果图＿＿＿份等，做到细心、准确。 （4）学会收回双方约定的验收单，包括＿＿＿＿＿＿＿归还的签收单、三维装配图的验收单、客户满意度反馈表等，在交付过程中做到诚实守信。 （5）学会将客户的订单资料存档，并做好文档归类，以方便查阅。		
参考资料	（1）客户需求单。 （2）客户提供的模型图纸 SC-00。 （3）学习性工作任务单。		

班　级		第　组	组长签字	
教师签字		日　期		

资讯的评价	评语：

2. 交付客户验收的计划单

学习情境名称	跑车模型车体的三维装配	学 时	4 学时
典型工作过程描述	1. 填写图纸检验单—2. 导入模型零件—3. 进行零件装配—4. 审订装配结果—5. 交付客户验收		
计划制订的方式	（1）查看客户验收单。 （2）查看教师提供的学习资料。		
序 号	具体工作步骤	注 意 事 项	
1	核对客户验收单	查看客户验收单，确定是否可以交付。	
2	归还客户订单_____	图纸 1 张、模型数据。	
3	_____装配图等资料	三维装配电子档___份、三维装配效果图___份。	
4	收回客户验收单	原始资料归还的签收单、三维装配图的验收单、客户满意度反馈表。	
5	_____订单资料	客户验收单、三维装配电子档存档规范。	

	班 级		第 组	组长签字	
	教师签字		日 期		
计划的评价	评语：				

3. 交付客户验收的决策单

学习情境名称	跑车模型车体的三维装配		学　　时	4 学时
典型工作过程 描述	1. 填写图纸检验单—2. 导入模型零件—3. 进行零件装配—4. 审订装配结果—5. 交付客户验收			
序　　号	以下哪项是完成"5.交付客户验收"这个典型工作环节的正确步骤？		正确与否 (正确打√，错误打×)	
1	1. 收回客户验收单—2. 归还客户订单原始资料—3. 交付装配图等资料—4. 核对客户验收单—5. 归档订单资料			
2	1. 交付装配图等资料—2. 归还客户订单原始资料—3. 核对客户验收单—4. 收回客户验收单—5. 归档订单资料			
3	1. 核对客户验收单—2. 归还客户订单原始资料—3. 交付装配图等资料—4. 收回客户验收单—5. 归档订单资料			
4	1. 归档订单资料—2. 归还客户订单原始资料—3. 交付装配图等资料—4. 收回客户验收单—5. 核对客户验收单			
决策的评价	班　　级		第　　组	组长签字	
	教师签字		日　　期		
	评语：				

4. 交付客户验收的实施单

学习情境名称	跑车模型车体的三维装配		学　时	4 学时
典型工作过程 描述	1. 填写图纸检验单—2. 导入模型零件—3. 进行零件装配—4. 审订装配结果— **5. 交付客户验收**			
序　号	实施的具体步骤	注　意　事　项		自　　评
1		查看客户验收单，确定是否可以交付。		
2		图纸 1 张、模型数据。		
3		三维装配电子档 1 份、三维装配效果图 1 份。		
4		原始资料归还的签收单、三维装配图的验收单、客户满意度反馈表。		
5		客户验收单、三维装配电子档存档规范。		

实施说明：

（1）学生要认真、仔细地核对客户验收单，保证交付正确。

（2）学生要归还客户提供的所有原始资料，可以跟签收单对照。

（3）学生要交付三维装配图、纸质资料等。

（4）学生要明确收回哪些单据。

（5）学生在归档订单资料时，资料整理一定要规范，以方便查找。

	班　级		第　　组	组长签字	
	教师签字		日　期		
实施的评价	评语：				

5. 交付客户验收的检查单

学习情境名称	跑车模型车体的三维装配		学　时	4 学时
典型工作过程描述	1. 填写图纸检验单—2. 导入模型零件—3. 进行零件装配—4. 审订装配结果—5. 交付客户验收			
序　号	检查项目 （具体步骤的检查）	检查标准	小组自查 （检查是否完成以下步骤，完成打√，没完成打×）	小组互查 （检查是否完成以下步骤，完成打√，没完成打×）
1	核对客户验收单	客户验收单满足交付条件。		
2	归还客户订单原始资料	图纸1张、模型数据。		
3	交付装配图等资料	三维装配电子档 1份、三维装配效果图1份。		
4	收回客户验收单	原始资料归还的签收单、三维装配图的验收单、客户满意度反馈表。		
5	归档订单资料	客户验收单、三维装配电子档存档规范。		
检查的评价	班　级		第　组	组长签字	
	教师签字		日　期		
	评语：				

6. 交付客户验收的评价单

学习情境名称	跑车模型车体的三维装配		学　时	4 学时
典型工作过程描述	1. 填写图纸检验单—2. 导入模型零件—3. 进行零件装配—4. 审订装配结果—5. 交付客户验收			
评价项目	评分维度	组长对每组的评分		教师评价
小组 1 交付客户验收的阶段性结果	诚信、完整、时效、美观			
小组 2 交付客户验收的阶段性结果	诚信、完整、时效、美观			
小组 3 交付客户验收的阶段性结果	诚信、完整、时效、美观			
小组 4 交付客户验收的阶段性结果	诚信、完整、时效、美观			
评价的评价	班　级		第　　组	组长签字
	教师签字		日　期	
	评语:			

学习情境七　跑车模型轮系的三维装配

客户需求单

客户需求

（1）完整的轮系装配。

（2）车轮、前车轴和后车轴要完整装配，不能随意移动。

（3）请在 1 小时内完成，完成后的文件保存为.prt 原文件和.stp 格式，文件全部提交。

客户图纸

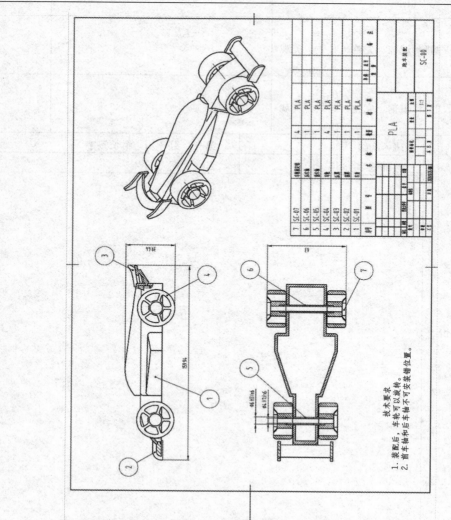

学习性工作任务单

学习情境名称	跑车模型轮系的三维装配	学　　时	4 学时
典型工作过程描述			

<table>
<tr><td>典型工作过程描述</td><td colspan="3">1. 填写图纸检验单—2. 导入模型零件—3. 进行零件装配—4. 审订装配结果—5. 交付客户验收</td></tr>
</table>

典型工作过程描述：1. 填写图纸检验单—2. 导入模型零件—3. 进行零件装配—4. 审订装配结果—5. 交付客户验收

学习目标

1. 填写图纸检验单

1.1　填写装配零件的数量；

1.2　填写装配的外形尺寸；

1.3　填写装配零件的配合公差；

1.4　填写零件装配的约束关系；

1.5　填写零件装配的技术要求。

2. 导入模型零件

2.1　创建装配文件；

2.2　导入参考零件；

2.3　固定参考零件；

2.4　导入装配零件；

2.5　检查导入数量。

3. 进行零件装配

3.1　确定关联零件；

3.2　选择约束命令；

3.3　选择约束关系；

3.4　选择约束元素；

3.5　检查约束完整性；

3.6　保存文件。

4. 审订装配结果

4.1　检查装配零件的数量；

4.2　检查装配的外形尺寸；

4.3　检查零件装配的约束关系；

4.4　检查整体装配的干涉情况；

4.5　检查文件格式。

5. 交付客户验收

5.1　核对客户验收单；

5.2　归还客户订单原始资料；

5.3　交付装配图等文件；

5.4　收回客户验收单；

5.5　归档订单资料。

任务描述

（1）填写图纸检验单。第一，从 8 页图纸中找到第 1 页，图纸名称为跑车装配图。第二，查看标题栏，检查轮系需要装配的对应零件和数量，避免发生缺少零件的状况。第三，查看轮系装配后的总长（30）、总宽（后轮 63，前轮 51）、总高（30）等外形尺寸。第四，查看零件装配的约束关系，检查图纸是否有完整的装配方法。

任务描述	（2）**导入模型零件**。第一，创建文件，要注意创建模型文件和装配文件的区别，将其命名为"轮系装配"。第二，根据装配图，选定车轮作为第一个导入零件，后续的车轴和车轮固定销将以车轮为装配基准。第三，给车轮添加一个固定约束，保证在装配过程中有一个确定的位置。第四，重复导入命令，将车轴和车轮固定销导入进来。 （3）**进行零件装配**。第一，选择车轮和车轴为装配对象，打开约束命令。第二，查看图纸所示的配合位置，车轮的孔与车轴要完全配合，选择的约束关系为"接触"。第三，根据图纸要求，设置车轮的孔和车轴的约束关系为轴线接触，将车轮孔的台阶面和车轴的端面重合，注意平面不要选错，以避免装配错位。第四，手动拖动车轴，检查是否约束完整。第五，选择车轮和车轮固定销为装配对象，重复第二、三、四步，完成装配，保存文件。 （4）**审订装配结果**。第一，从装配窗口参看装配结构树，检查零件数量是否齐全。第二，通过测量命令，查看图纸对应尺寸总长（30）、总宽（后轮 63、前轮 51）、总高（30）等外形尺寸是否达标。第三，在结构树中检查各项约束是否有过约束现象，通过查看装配模型判断是否存在模型偏移的情况。第四，通过间隙分析命令检查各零件之间是否存在干涉现象。第五，检查文件格式是否符合任务要求。 （5）**交付客户验收**。第一，核对客户验收单是否满足交付条件。第二，归还客户订单原始资料，包括图纸 1 张、模型数据等，保证原始资料的完整。第三，交付满足客户要求的三维装配电子档 1 份、三维装配效果图 1 份等。第四，收回双方约定的验收单，包括原始资料归还的签收单、三维装配图的验收单、客户满意度反馈表等。第五，将客户的订单资料存档，包括客户验收单、三维装配电子档等，注意对客户资料的保密等特定要求。
学时安排	<table><tr><td>资讯 0.4 学时</td><td>计划 0.4 学时</td><td>决策 0.4 学时</td><td>实施 2 学时</td><td>检查 0.4 学时</td><td>评价 0.4 学时</td></tr></table>
对学生的要求	（1）**填写图纸检验单**。第一，学会查看标题栏，检查需要装配的对应零件和数量，避免发生缺少零件的状况。第二，通过查看跑车装配后的总长（30）、总宽（后轮 63、前轮 51）、总高（30）等外形尺寸，对跑车的大小有一个直观的了解。第三，通过查看零件装配的约束关系，检查图纸是否有完整的装配方法，了解整个装配的安装原理。 （2）**导入模型零件**。第一，创建文件时一定要注意文件命名。第二，第一个导入的零件必须要有一个固定的约束。第三，导入需要装配的零件后，要检查零件是否齐全，不要有遗漏。 （3）**进行零件装配**。第一，装配过程中要循序渐进，完成一个零件的装配后，才能进行下一个零件的装配，避免混乱。第二，认真看图，确定零件装配位置。第三，认真检查，以免出现缺少约束的情况。 （4）**审订装配结果**。第一，学会查看装配结构树，检查零件数量。第二，学会在结构树中检查各项约束，判断是否有过约束现象。第三，学会使用间隙分析命令，通过分析窗口提示的"硬干涉"，找到干涉位置并修改装配参数，以达到图纸要求。 （5）**交付客户验收**。第一，仔细核对客户验收单是否满足交付的条件，履行契约精神。第二，学会归还客户订单原始资料，包括图纸 1 张、模型数据等，确保原始资料完好。第三，学会交付满足客户要求的资料，包括三维装配电子档 1 份、三维装配效果图 1 份等，做到细心、准确。第四，学会收回双方约定的验收单，包括原始资料归还的签收单、三维装配图的验收单、客户满意度反馈表等，做到诚实守信。第五，学生需要将客户的订单资料存档，并做好文档归类，以方便查阅。

参考资料	（1）客户需求单。 （2）客户提供的模型图纸 SC-00。 （3）学习通平台上的"机械零部件的三维装配"课程中情境 7 跑车模型轮系的三维装配教学资源。 （4）《中文版 UG NX 12.0 从入门到精通（实战案例版）》，中国水利水电出版社，2018 年 9 月，479～484 页。					
教学和学习 方式与流程	典型工作环节	教学和学习的方式				
	1. 填写图纸检验单	资讯	计划	决策	实施	检查	评价
	2. 导入模型零件	资讯	计划	决策	实施	检查	评价
	3. 进行零件装配	资讯	计划	决策	实施	检查	评价
	4. 审订装配结果	资讯	计划	决策	实施	检查	评价
	5. 交付客户验收	资讯	计划	决策	实施	检查	评价

材料工具清单

学习情境名称	跑车模型轮系的三维装配				学　时	4 学时	
典型工作过程 描述	1. 填写图纸检验单—2. 导入模型零件—3. 进行零件装配—4. 审订装配结果—5. 交付客户验收						
典型 工作过程	序　号	名　称	作　用	数　量	型　号	使用量	使用者
1. 填写图纸 检验单	1	装配图纸	参考	1 张		1 张	学生
	2	圆珠笔	填表	1 支		1 支	学生
2. 导入模型 零件	3	机房	上课	1 间		1 间	学生
3. 进行零件 装配	4	UG NX 12.0	绘图	1 套		1 套	学生
4. 审订装配 结果	5	UG NX 12.0	绘图	1 套		1 套	学生
5. 交付客户 验收	6	文件夹	存档	1 个		1 个	学生
班　级		第　　组			组长签字		
教师签字		日　　期					

机械零部件的三维造型

任务一　填写图纸检验单

1. 填写图纸检验单的资讯单

学习情境名称	跑车模型轮系的三维装配	学　时	4 学时
典型工作过程描述	**1. 填写图纸检验单**—2. 导入模型零件—3. 进行零件装配—4. 审订装配结果—5. 交付客户验收		
收集资讯的方式	（1）查看客户需求单。 （2）查看教师提供的学习性工作任务单。 （3）查看客户提供的装配图纸 SC-00。		
资讯描述	（1）让学生查看客户需求单，明确轮系三维装配的要求。 （2）通过查看装配图纸，获取_____、_____、_____等数据。 （3）将得到的数据填写在图纸检验单上。		
对学生的要求	（1）学会查看_____，检查需要装配的对应零件和数量，避免发生缺少零件的状况，做到细致、严谨。 （2）通过查看跑车装配后的总长（30）、总宽（后轮 63，前轮 51）、总高（30）等外形尺寸，对跑车的大小有一个直观的了解。 （3）通过查看零件装配的_____，检查图纸是否有完整的装配方法，了解整个装配的安装原理。		
参考资料	（1）客户需求单。 （2）客户提供的模型图纸 SC-00。		

班　级		第　　组	组长签字	
教师签字		日　期		
资讯的评价	评语：			

2. 填写图纸检验单的计划单

学习情境名称	跑车模型轮系的三维装配	学 时	4 学时
典型工作过程 描述	**1.** 填写图纸检验单—2. 导入模型零件—3. 进行零件装配—4. 审订装配结果—5. 交付客户验收		
计划制订的方式	（1）查看客户订单。 （2）查看学习性工作任务单。 （3）咨询教师。		

序 号	具体工作步骤	注 意 事 项
1	填写装配零件的数量	从标题栏中查看零件名称、零件数量。
2	填写装配的外形尺寸	总长____、总宽____、总高____。
3	填写装配零件的配合公差	配合公差在车轮和车轴配合处。
4	填写零件装配的_____	是否完整表述装配方法。
5	填写零件装配的_____	注意有没有零件摆放状态的要求。

	班 级		第 组	组长签字	
	教师签字		日 期		
计划的评价	评语： 				

3. 填写图纸检验单的决策单

学习情境名称	跑车模型轮系的三维装配	学　时	4 学时
典型工作过程描述	**1.** 填写图纸检验单—2. 导入模型零件—3. 进行零件装配—4. 审订装配结果—5. 交付客户验收		
序　号	以下哪项是完成"1.填写图纸检验单"这个典型工作环节的正确步骤？	**正确与否**（正确打√，错误打×）	
1	1. 填写装配零件的数量—2. 填写装配的外形尺寸—3. 填写装配零件的配合公差—4. 填写零件装配的约束关系—5. 填写零件装配的技术要求		
2	1. 填写零件装配的约束关系—2. 填写装配的外形尺寸—3. 填写装配零件的配合公差—4. 填写装配零件的数量—5. 填写零件装配的技术要求		
3	1. 填写零件装配的技术要求—2. 填写装配零件的配合公差—3. 填写装配的外形尺寸—4. 填写零件装配的约束关系—5. 填写装配零件的数量		
4	1. 填写装配零件的配合公差—2. 填写装配的外形尺寸—3. 填写零件装配的约束关系—4. 填写装配零件的数量—5. 填写零件装配的技术要求		

	班　级		第　　组	组长签字	
	教师签字		日　期		
	评语：				

决策的评价

4. 填写图纸检验单的实施单

学习情境名称	跑车模型轮系的三维装配		学 时	4 学时
典型工作过程 描述		**1.** 填写图纸检验单—2. 导入模型零件—3. 进行零件装配—4. 审订装配结果— 5. 交付客户验收		
序 号	实施的具体步骤	注 意 事 项		自 评
1		零件名称、零件数量。		
2		总长 30,总宽 63(后轮)、51(前轮), 总高 30 等外形尺寸。		
3		配合公差在车轮和车轴配合处。		
4		是否完整表述装配方法。		
5		注意有没有零件摆放状态的要求。		

实施说明:

(1)学生要认真核对装配图,保证图纸正确。

(2)学生要认真查看标题栏,对照已有的零件和数量。

(3)学生要注意总体尺寸。

(4)学生要认真梳理各零件之间的约束关系。

	班 级		第 组	组长签字	
	教师签字		日 期		
实施的评价	评语:				

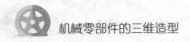

5. 填写图纸检验单的检查单

学习情境名称	跑车模型轮系的三维装配		学 时	4 学时
典型工作过程描述	**1. 填写图纸检验单**—2. 导入模型零件—3. 进行零件装配—4. 审订装配结果—5. 交付客户验收			
序 号	检查项目 （具体步骤的检查）	检查标准	小组自查 （检查是否完成以下步骤，完成打√，没完成打×）	小组互查 （检查是否完成以下步骤，完成打√，没完成打×）
1	填写装配零件的数量	零件名称、零件数量。		
2	填写装配的外形尺寸	总长 30，总宽 63（后轮）、51（前轮），总高 30。		
3	填写装配零件的配合公差	配合公差在车轮和车轴配合处。		
4	填写零件装配的约束关系	完整表述装配方法。		
5	填写零件装配的技术要求	零件摆放状态的要求。		

检查的评价	班 级		第 组	组长签字	
	教师签字		日 期		
	评语：				

6. 填写图纸检验单的评价单

学习情境名称	跑车模型轮系的三维装配		学　　时	4学时
典型工作过程描述	**1. 填写图纸检验单**—2. 导入模型零件—3. 进行零件装配—4. 审订装配结果—5. 交付客户验收			
评 价 项 目	评 分 维 度	组长对每组的评分		教 师 评 价
小组 1 填写图纸检验单的阶段性结果	完整、时效、准确			
小组 2 填写图纸检验单的阶段性结果	完整、时效、准确			
小组 3 填写图纸检验单的阶段性结果	完整、时效、准确			
小组 4 填写图纸检验单的阶段性结果	完整、时效、准确			
评价的评价	班　　级		第　　组	组长签字	
	教师签字		日　　期		
	评语：				

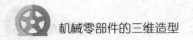

任务二　导入模型零件

1. 导入模型零件的资讯单

学习情境名称	跑车模型轮系的三维装配	学　时	4 学时
典型工作过程 描述	1. 填写图纸检验单—**2. 导入模型零件**—3. 进行零件装配—4. 审订装配结果—5. 交付客户验收		
收集资讯的方式	（1）查看客户需求单。 （2）查看教师提供的学习性工作任务单。 （3）查看客户提供的装配图纸 SC-00。 （4）查看已绘制完成的车轮、车前轴、车后轴、车轮固定销 4 个零件。		
资讯描述	（1）让学生查看_____，明确轮系_____的要求。 （2）在 UG NX 软件中，新建_____。 （3）导入已绘制完成的车轮、车前轴、车后轴、车轮固定销 4 个零件。		
对学生的要求	（1）创建文件时一定要注意文件命名。 （2）第一个导入的零件必须要有一个固定的____。 （3）导入需要装配的零件后要检查是否齐全，不要遗漏____。		
参考资料	（1）客户需求单。 （2）客户提供的模型图纸 SC-00； （3）《中文版 UG NX 12.0 从入门到精通（实战案例版）》，中国水利水电出版社，2018 年 9 月，479～484 页。		
	班　级		第　　组	组长签字	
	教师签字		日　　期		
资讯的评价	评语：				

2. 导入模型零件的计划单

学习情境名称	跑车模型轮系的三维装配	学　时	4 学时
典型工作过程 描述	1. 填写图纸检验单—**2. 导入模型零件**—3. 进行零件装配—4. 审订装配结果—5. 交付客户验收		
计划制订的方式	（1）咨询教师。 （2）查找类似的教学视频。		

序　号	具体工作步骤	注 意 事 项
1	创建_____文件	区分模型文件和装配文件，注意_____。
2	导入参考零件	将车轮导入位置直接设置为_____。
3	固定参考零件	不能缺少，避免出现_____。
4	导入装配零件	导入车轴和车轮固定销。
5	检查导入数量	总共_____个零件。

班　级		第　　组		组长签字	
教师签字		日　　期			

计划的评价

评语：

 机械零部件的三维造型

3. 导入模型零件的决策单

学习情境名称	跑车模型轮系的三维装配		学　时	4 学时
典型工作过程描述	1. 填写图纸检验单—**2. 导入模型零件**—3. 进行零件装配—4. 审订装配结果—5. 交付客户验收			
序　号	以下哪项是完成"2.导入模型零件"这个典型工作环节的正确步骤？		正确与否（正确打√，错误打×）	
1	1. 创建装配文件—2. 导入参考零件—3. 固定参考零件—4. 导入装配零件—5. 检查导入数量			
2	1. 创建装配文件—2. 导入装配零件—3. 导入参考零件—4. 固定参考零件—5. 检查导入数量			
3	1. 创建装配文件—2. 检查导入数量—3. 导入参考零件—4. 固定参考零件—5. 导入装配零件			
4	1. 检查导入数量—2. 导入参考零件—3. 固定参考零件—4. 导入装配零件—5. 创建装配文件			

决策的评价	班级		第　　组	组长签字	
	教师签字		日期		
	评语：				

218

4. 导入模型零件的实施单

学习情境名称	跑车模型轮系的三维装配		学　时	4学时
典型工作过程描述	1. 填写图纸检验单—**2. 导入模型零件**—3. 进行零件装配—4. 审订装配结果—5. 交付客户验收			
序　号	实施的具体步骤	注　意　事　项		自　评
1		区分模型文件和装配文件，注意文件命名。		
2		将车轮导入位置直接设置为坐标原点。		
3		不能缺少，避免出现装配偏移。		
4		导入车轴和车轮固定销。		
5		总共4个零件。		

实施说明：

（1）学生在创建文件时一定要注意文件命名。

（2）第一个导入的零件必须要有一个固定的约束。

（3）导入需要装配的零件后要检查是否齐全，不要遗漏零件。

	班　级		第　组	组长签字	
	教师签字		日　期		
实施的评价	评语：				

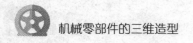

5. 导入模型零件的检查单

学习情境名称	跑车模型轮系的三维装配		学 时	4 学时
典型工作过程描述	1. 填写图纸检验单—**2. 导入模型零件**—3. 进行零件装配—4. 审订装配结果—5. 交付客户验收			

序 号	检查项目（具体步骤的检查）	检 查 标 准	小组自查（检查是否完成以下步骤，完成打√，没完成打×）	小组互查（检查是否完成以下步骤，完成打√，没完成打×）
1	创建装配文件	区分模型文件和装配文件，注意文件命名。		
2	导入参考零件	将车轮导入位置直接设置为坐标原点。		
3	固定参考零件	不能缺少，避免出现装配偏移。		
4	导入装配零件	导入车轴和车轮固定销。		
5	检查导入数量	总共 4 个零件。		

检查的评价	班 级		第 组	组长签字	
	教师签字		日 期		
	评语：				

6. 导入模型零件的评价单

学习情境名称	跑车模型轮系的三维装配	学　时	4 学时
典型工作过程 描述	1. 填写图纸检验单—**2. 导入模型零件**—3. 进行零件装配—4. 审订装配结果—5. 交付客户验收		
评 价 项 目	评 分 维 度	组长对每组的评分	教 师 评 价
小组 1 导入模型零件的阶段性结果	完整、时效、准确		
小组 2 导入模型零件的阶段性结果	完整、时效、准确		
小组 3 导入模型零件的阶段性结果	完整、时效、准确		
小组 4 导入模型零件的阶段性结果	完整、时效、准确		

	班　级		第　　组	组长签字	
	教师签字		日　　期		
评价的评价	评语：				

任务三　进行零件装配

1. 进行零件装配的资讯单

学习情境名称	跑车模型轮系的三维装配	学　　时	4 学时
典型工作过程描述	1. 填写图纸检验单—2. 导入模型零件—**3. 进行零件装配**—4. 审订装配结果—5. 交付客户验收		
收集资讯的方式	（1）查看客户需求单。 （2）查看教师提供的学习性工作任务单。 （3）查看客户提供的装配图纸 SC-00。 （4）查看学习通平台上的"机械零部件的三维装配"课程中情境 7 跑车模型轮系的三维装配教学资源。		
资讯描述	（1）让学生查看客户需求单，明确轮系的_____的要求。 （2）学习"跑车模型轮系的三维装配"微课，完成车轮和车轴、车轮固定销的_____。 （3）检查车轮与车轴、车轮固定销的约束是否完整。		
对学生的要求	（1）装配过程中要循序渐进，完成一个_____的装配后，才能进行下一个零件的装配，避免混乱。 （2）认真看图，确定零件_____位置。 （3）认真检查，以免出现缺少_____的情况。		
参考资料	（1）客户需求单。 （2）客户提供的模型图纸 SC-00。 （3）学习通平台上的"机械零部件的三维装配"课程中情境 7 跑车模型轮系的三维装配教学资源。 （4）《中文版 UG NX 12.0 从入门到精通（实战案例版）》，中国水利水电出版社，2018 年 9 月，479～484 页。		
资讯的评价	班　　级　/　第　组　/　组长签字 教师签字　/　日　　期 评语：		

2. 进行零件装配的计划单

学习情境名称	跑车模型轮系的三维装配	学　　时	4 学时
典型工作过程 描述	1. 填写图纸检验单—2. 导入模型零件—**3. 进行零件装配**—4. 审订装配 结果—5. 交付客户验收		
计划制订的方式	（1）查看教师提供的教学资料。 （2）通过任务书自行试操作。		

序　　号	具体工作步骤	注　意　事　项
1	确定关联零件	车轮和车轴、车轮固定销。
2	选择约束＿＿＿	选择装配模块里的约束。
3	选择约束＿＿＿	选择"＿＿＿＿＿"约束。
4	选择约束元素	车轮和车轴、车轮固定销的＿＿＿。
5	检查约束完整性	＿＿＿＿＿车轴和车轮，检查约束是否完成。
6	保存文件	保存为指定的格式。

班　　级		第　　组	组长签字	
教师签字		日　　期		
	评语：			

计划的评价

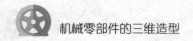

3. 进行零件装配的决策单

学习情境名称	跑车模型轮系的三维装配		学　　时	4 学时
典型工作过程 描述	1. 填写图纸检验单—2. 导入模型零件—**3. 进行零件装配**—4. 审订装配结果—5. 交付客户验收			
序　号	以下哪项是完成"3.进行零件装配"这个典型工作环节的正确步骤？		正确与否 （正确打√，错误打×）	
1	1. 检查约束完整性—2. 选择约束命令—3. 选择约束关系—4. 选择约束元素—5. 确定关联零件—6. 保存文件			
2	1. 确定关联零件—2. 选择约束关系—3. 选择约束元素—4. 选择约束命令—5. 检查约束完整性—6. 保存文件			
3	1. 确定关联零件—2. 选择约束命令—3. 选择约束关系—4. 选择约束元素—5. 检查约束完整性—6. 保存文件			
4	1. 选择约束命令—2. 选择约束关系—3. 选择约束元素—4. 检查约束完整性—5. 确定关联零件—6. 保存文件			

	班　级		第　组	组长签字	
	教师签字		日　期		
决策的评价	评语：				

4. 进行零件装配的实施单

学习情境名称	跑车模型轮系的三维装配		学　时	4 学时
典型工作过程描述	1. 填写图纸检验单—2. 导入模型零件—3. 进行零件装配—4. 审订装配结果—5. 交付客户验收			
序　号	实施的具体步骤	注 意 事 项		自　评
1		车轮和车轴、车轮固定销。		
2		选择装配模块里的约束。		
3		选择"轴线接触"约束。		
4		车轮和车轴、车轮固定销的轴线。		
5		手动拖动车轴和车轮,检查约束是否完成。		
6		保存为指定的格式。		

实施说明:

(1)装配过程中要循序渐进,完成一个零件的装配后,才能进行下一个零件的装配,避免混乱。

(2)认真看图,确定零件装配位置。

(3)认真检查,以免出现缺少约束的情况。

	班　级		第　组	组长签字	
实施的评价	教师签字		日　期		
	评语:				

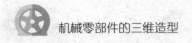

机械零部件的三维造型

5. 进行零件装配的检查单

学习情境名称	跑车模型轮系的三维装配	学　时	4 学时
典型工作过程描述	1. 填写图纸检验单—2. 导入模型零件—**3. 进行零件装配**—4. 审订装配结果—5. 交付客户验收		

序　号	检查项目（具体步骤的检查）	检查标准	小组自查（检查是否完成以下步骤，完成打√，没完成打×）	小组互查（检查是否完成以下步骤，完成打√，没完成打×）
1	确定关联零件	车轮和车轴、车轮固定销。		
2	选择约束命令	选择装配模块里的约束。		
3	选择约束关系	选择"轴线接触"约束。		
4	选择约束元素	车轮和车轴、车轮固定销的轴线。		
5	检查约束完整性	手动拖动车轴和车轮，检查约束是否完成。		
6	保存文件	保存为指定的格式。		

	班　级		第　组	组长签字	
	教师签字		日　期		
检查的评价	评语：				

226

6. 进行零件装配的评价单

学习情境名称	跑车模型轮系的三维装配		学　时	4 学时
典型工作过程描述	1. 填写图纸检验单—2. 导入模型零件—**3. 进行零件装配**—4. 审订装配结果—5. 交付客户验收			
评价项目	评分维度	组长对每组的评分		教师评价
小组 1 进行零件装配的阶段性结果	完整、时效、准确			
小组 2 进行零件装配的阶段性结果	完整、时效、准确			
小组 3 进行零件装配的阶段性结果	完整、时效、准确			
小组 4 进行零件装配的阶段性结果	完整、时效、准确			

	班　级		第　组	组长签字	
	教师签字		日　期		
评价的评价	评语：				

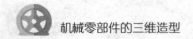

任务四 审订装配结果

1. 审订装配结果的资讯单

学习情境名称	跑车模型轮系的三维装配	学　时	4 学时
典型工作过程描述	1. 填写图纸检验单—2. 导入模型零件—3. 进行零件装配—**4. 审订装配结果**—5. 交付客户验收		
收集资讯的方式	（1）查看客户需求单。 （2）查看教师提供的学习性工作任务单。 （3）查看客户提供的装配图纸 SC-00。 （4）查看学习通平台上的"机械零部件的三维装配"课程中情境 7 跑车模型轮系的三维装配教学资源。		
资讯描述	（1）通过装配结构树检查装配中零件的数量。 （2）根据客户需求单中跑车模型车体的图纸，检查_____是否正确。 （3）通过结构树检查模型约束情况。 （4）通过间隙分析命令检查_____情况。		
对学生的要求	（1）学生学会查看_____，检查零件数量。 （2）学生学会测量和检查模型尺寸。 （3）学生学会在结构树中检查各项约束，判断是否有过约束现象。 （4）学生学会使用间隙分析命令，通过分析窗口提示的_____，找到干涉位置并修改_____，以达到图纸要求。 （5）学生能检查文件的格式是否与客户需求单的要求一致。		
参考资料	（1）客户需求单。 （2）客户提供的跑车模型车体的图纸 SC-00。 （3）学习性工作任务单。		
资讯的评价	班　级 ｜　　　｜第　组｜组长签字｜ 教师签字 ｜　　　｜日　期｜ 评语：		

228

2. 审订装配结果的计划单

学习情境名称		跑车模型轮系的三维装配	学　　时	4 学时
典型工作过程 描述		1. 填写图纸检验单—2. 导入模型零件—3. 进行零件装配—**4. 审订装配结果**—5. 交付客户验收		
计划制订的方式		（1）查看客户需求单。 （2）查看学习性工作任务单。		
序　　号	具体工作步骤		注　意　事　项	
1	检查装配零件的数量		查看＿＿＿＿＿，检查零件数量是否齐全。	
2	检查装配的＿＿＿＿		测量总长（30）、总宽（后轮 63，前轮 51）、总高（30）等＿＿＿＿是否达标。	
3	检查零件装配的约束关系		查看是否存在＿＿＿＿现象和模型偏移情况。	
4	检查整体装配的干涉情况		检查零件之间是否存在＿＿＿＿。	
5	检查文件格式		是否按客户需求单的要求保存。	
计划的评价	班　　级		第　　组	组长签字	
	教师签字		日　　期		
	评语：				

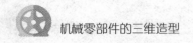 机械零部件的三维造型

3. 审订装配结果的决策单

学习情境名称	跑车模型轮系的三维装配	学　时	4 学时
典型工作过程描述	1. 填写图纸检验单—2. 导入模型零件—3. 进行零件装配—**4. 审订装配结果**—5. 交付客户验收		

序　号	以下哪项是完成"**4.审订装配结果**"这个典型工作环节的正确步骤？	正确与否（正确打√，错误打×）
1	1. 检查文件格式—2. 检查装配的外形尺寸—3. 检查装配零件的数量—4. 检查整体装配的干涉情况—5. 检查零件装配的约束关系	
2	1. 检查零件装配的约束关系—2. 检查装配的外形尺寸—3. 检查文件格式—4. 检查整体装配的干涉情况—5. 检查装配零件的数量	
3	1. 检查装配零件的数量—2. 检查文件格式—3. 检查装配的外形尺寸—4. 检查零件装配的约束关系—5. 检查整体装配的干涉情况	
4	1. 检查装配零件的数量—2. 检查装配的外形尺寸—3. 检查零件装配的约束关系—4. 检查整体装配的干涉情况—5. 检查文件格式	

班　级		第　　组		组长签字	
教师签字		日　期			

决策的评价

评语：

230

4. 审订装配结果的实施单

学习情境名称	跑车模型轮系的三维装配		学　　时	4 学时	
典型工作过程 描述	1. 填写图纸检验单—2. 导入模型零件—3. 进行零件装配—**4. 审订装配结果**— 5. 交付客户验收				
序　　号	实施的具体步骤		注 意 事 项		自　　评
1			查看装配结构树，检查零件数量是否齐全。		
2			测量总长（30）、总宽（后轮 63，前轮 51）、总高（30）等外形尺寸是否达标。		
3			查看是否存在过约束现象和模型偏移情况。		
4			检查零件之间是否存在干涉现象。		
5			是否按客户需求单的要求保存。		

实施说明：

（1）检查数量时，要从装配窗口查看装配结构树，以便于检查装配零件数量是否齐全。

（2）检查外形尺寸时，要使用测量命令查看图纸轮系对应总长（30）、总宽（后轮 63，前轮 51）、总高（30）等外形尺寸是否达标。

（3）检查约束关系时，要注意在结构树中检查各项约束是否有过约束现象，通过查看装配模型，判断是否存在模型偏移的情况。

（4）检查干涉情况时，要通过间隙分析命令检查各零件之间是否存在干涉现象。

（5）检查文件格式时，要注意查看客户需求单，另存为.stp 格式。

	班　　级		第　　组		组长签字	
	教师签字		日　　期			
实施的评价	评语：					

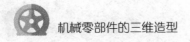

5. 审订装配结果的检查单

学习情境名称	跑车模型轮系的三维装配		学　时	4 学时
典型工作过程描述	1. 填写图纸检验单—2. 导入模型零件—3. 进行零件装配—**4. 审订装配结果**—5. 交付客户验收			
序　号	检查项目 （具体步骤的检查）	检查标准	小组自查 （检查是否完成以下步骤，完成打√，没完成打×）	小组互查 （检查是否完成以下步骤，完成打√，没完成打×）
1	检查装配零件的数量	查看装配结构树，零件数量齐全。		
2	检查装配的外形尺寸	测量总长（30）、总宽（后轮 63，前轮 51）、总高（30）等外形尺寸达标。		
3	检查零件装配的约束关系	不存在过约束现象和模型偏移情况。		
4	检查整体装配的干涉情况	零件之间不存在干涉现象。		
5	检查文件格式	按客户需求单的要求保存。		

检查的评价	班　级		第　　组	组长签字	
	教师签字		日　期		
	评语：				

6. 审订装配结果的评价单

学习情境名称	跑车模型轮系的三维装配		学　时	4 学时
典型工作过程描述		1. 填写图纸检验单—2. 导入模型零件—3. 进行零件装配—**4. 审订装配结果**—5. 交付客户验收		
评 价 项 目	评 分 维 度	组长对每组的评分	教 师 评 价	
小组 1 审订装配结果的阶段性结果	速度、严谨、正确			
小组 2 审订装配结果的阶段性结果	速度、严谨、正确			
小组 3 审订装配结果的阶段性结果	速度、严谨、正确			
小组 4 审订装配结果的阶段性结果	速度、严谨、正确			

	班　级		第　组	组长签字	
评价的评价	教师签字		日　期		
	评语：				

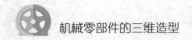

任务五　交付客户验收

1. 交付客户验收的资讯单

学习情境名称	跑车模型轮系的三维装配	学　时	4 学时
典型工作过程描述	1. 填写图纸检验单—2. 导入模型零件—3. 进行零件装配—4. 审订装配结果—**5. 交付客户验收**		
收集资讯的方式	(1) 查看客户需求单。 (2) 客户订单资料的存档归类演示。 (3) 查看教师提供的学习性工作任务单。		
资讯描述	(1) 查看客户需求单，明确客户的要求。 (2) 查看验收单收集案例，明确验收单收集的内容。 (3) 明确满足＿＿＿＿要求的资料内容。 (4) 查询资料，明确客户订单资料的存档方法。		
对学生的要求	(1) 仔细核对客户验收单是否满足交付的条件，履行契约精神。 (2) 学会归还客户订单原始资料，包括图纸＿＿＿＿张、模型数据等，确保原始资料完好。 (3) 学会交付满足客户要求的资料，包括三维装配电子档＿＿＿＿份、三维装配效果图＿＿＿＿份等，做到细心、准确。 (4) 学会收回双方约定的验收单，包括＿＿＿＿＿＿＿＿归还的签收单、三维装配图的验收单、客户满意度反馈表等，在交付过程中做到诚实守信。 (5) 学会将客户的订单资料存档，并做好文档归类，以方便查阅。		
参考资料	(1) 客户需求单。 (2) 客户提供的模型图纸 SC-00。 (3) 学习性工作任务单。		

班　　级		第　　组	组长签字	
教师签字		日　　期		
资讯的评价	评语：			

2. 交付客户验收的计划单

学习情境名称	跑车模型轮系的三维装配	学　　时	4 学时
典型工作过程 描述	1. 填写图纸检验单—2. 导入模型零件—3. 进行零件装配—4. 审订装配 结果—**5. 交付客户验收**		
计划制订的方式	（1）查看客户验收单。 （2）查看教师提供的学习资料。		

序　　号	具体工作步骤	注 意 事 项
1	核对客户验收单	查看验收单，确定是否可以交付。
2	归还客户订单原始资料	图纸 1 张、模型数据。
3	＿＿装配图等资料	三维装配电子档＿＿份、三维装配效果图＿＿份。
4	收回＿＿＿＿＿＿	原始资料归还的签收单、三维装配图的验收 单、客户满意度反馈表。
5	＿＿订单资料	客户验收单、三维装配电子档存档规范。

班　　级		第　　组	组长签字	
教师签字		日　　期		

评语：

计划的评价

机械零部件的三维造型

3. 交付客户验收的决策单

学习情境名称	跑车模型轮系的三维装配	学　时	4 学时
典型工作过程描述	1. 填写图纸检验单—2. 导入模型零件—3. 进行零件装配—4. 审订装配结果—**5. 交付客户验收**		
序　号	以下哪项是完成"**5.交付客户验收**"这个典型工作环节的正确步骤？		正确与否 （正确打√，错误打×）
1	1. 收回客户验收单—2. 归还客户订单原始资料—3. 交付装配图等资料—4. 核对客户验收单—5. 归档订单资料		
2	1. 交付装配图等资料—2. 归还客户订单原始资料—3. 核对客户验收单—4. 收回客户验收单—5. 归档订单资料		
3	1. 核对客户验收单—2. 归还客户订单原始资料—3. 交付装配图等资料—4. 收回客户验收单—5. 归档订单资料		
4	1. 归档订单资料—2. 归还客户订单原始资料—3. 交付装配图等资料—4. 收回客户验收单—5.核对客户验收单		

决策的评价	班　级		第　　组	组长签字	
	教师签字		日　期		
	评语：				

236

4. 交付客户验收的实施单

学习情境名称	跑车模型轮系的三维装配		学 时	4 学时
典型工作过程描述	1. 填写图纸检验单—2. 导入模型零件—3. 进行零件装配—4. 审订装配结果—**5. 交付客户验收**			
序 号	实施的具体步骤	注 意 事 项	自 评	
1		查看验收单,确定是否可以交付。		
2		图纸 1 张、模型数据。		
3		三维装配电子档 1 份、三维装配效果图 1 份。		
4		原始资料归还的签收单、三维装配图的验收单、客户满意度反馈表。		
5		客户验收单、三维装配电子档存档规范。		

实施说明:

(1)学生要认真、仔细地核对客户验收单,保证交付正确。

(2)学生要归还客户提供的所有原始资料,可以跟签收单对照。

(3)学生要交付三维装配图、纸质资料等。

(4)学生要明确收回哪些单据。

(5)学生在归档订单资料时,资料整理一定要规范,以方便查找。

	班 级		第 组	组长签字	
	教师签字		日 期		
实施的评价	评语:				

5. 交付客户验收的检查单

学习情境名称	跑车模型轮系的三维装配		学　　时	4 学时
典型工作过程描述	1. 填写图纸检验单—2. 导入模型零件—3. 进行零件装配—4. 审订装配结果—**5. 交付客户验收**			
序　　号	检查项目（具体步骤的检查）	检 查 标 准	小组自查（检查是否完成以下步骤，完成打√，没完成打×）	小组互查（检查是否完成以下步骤，完成打✓，没完成打×）
1	核对客户验收单	验收单满足交付条件。		
2	归还客户订单原始资料	图纸 1 张、模型数据。		
3	交付装配图等资料	三维装配电子档 1 份、三维装配效果图 1 份。		
4	收回客户验收单	原始资料归还的签收单、三维装配图的验收、客户满意度反馈表。		
5	归档订单资料	客户验收单、三维装配电子档存档规范。		

检查的评价	班　　级		第　　组	组长签字	
	教师签字		日　　期		
	评语：				

6. 交付客户验收的评价单

学习情境名称	跑车模型轮系的三维装配		学　　时	4 学时
典型工作过程描述	1. 填写图纸检验单—2. 导入模型零件—3. 进行零件装配—4. 审订装配结果—5. 交付客户验收			
评 价 项 目	评 分 维 度	组长对每组的评分		教 师 评 价
小组 1 交付客户验收的阶段性结果	诚信、完整、时效、美观			
小组 2 交付客户验收的阶段性结果	诚信、完整、时效、美观			
小组 3 交付客户验收的阶段性结果	诚信、完整、时效、美观			
小组 4 交付客户验收的阶段性结果	诚信、完整、时效、美观			

	班　　级		第　　组	组长签字	
	教师签字		日　　期		
评价的评价	评语：				

学习情境八　跑车模型整车的三维装配

客户需求单

客户需求

（1）完整的车体装配。

（2）车体和轮系要完整装配，车轮相对于车体要左右对称，车轮需要有滚动表现。

（3）请在 1.5 小时内完成，完成后的文件保存为.prt 原文件和.stp 格式，文件全部提交。

客户图纸

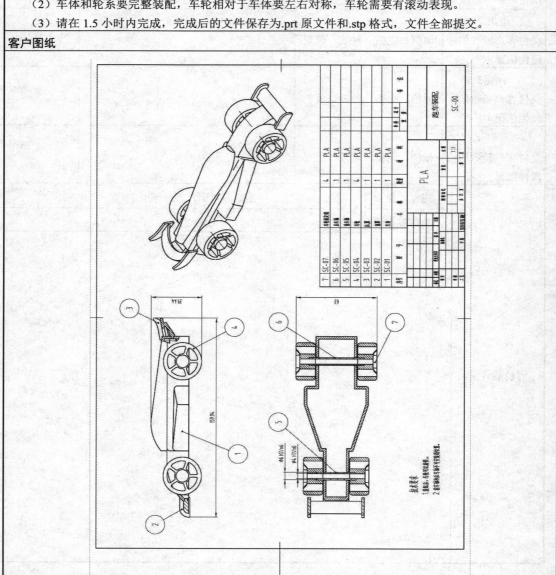

学习性工作任务单

学习情境名称	跑车模型整车的三维装配	学　时	3 学时
典型工作过程描述	1. 填写图纸检验单—2. 导入模型零件—3. 进行零件装配—4. 审订装配结果—5. 交付客户验收		
学习目标	**1. 填写图纸检验单** 　1.1　填写装配零件的数量； 　1.2　填写装配的外形尺寸； 　1.3　填写装配零件的配合公差； 　1.4　填写零件装配的约束关系； 　1.5　填写零件装配的技术要求。 **2. 导入模型零件** 　2.1　创建整车装配文件； 　2.2　导入车体装配模型零件； 　2.3　固定车体装配模型零件； 　2.4　导入轮系装配模型零件； 　2.5　检查整车零件数量。 **3. 进行零件装配** 　3.1　确定关联零件； 　3.2　选择约束命令； 　3.3　选择约束关系； 　3.4　选择约束元素； 　3.5　检查约束完整性； 　3.6　保存文件。 **4. 审订装配结果** 　4.1　检查装配零件的数量； 　4.2　检查装配的外形尺寸； 　4.3　检查零件装配的约束关系； 　4.4　检查整体装配的干涉情况； 　4.5　检查文件格式。 **5. 交付客户验收** 　5.1　核对客户验收单； 　5.2　归还客户订单原始资料； 　5.3　交付装配图等文件； 　5.4　收回客户验收单； 　5.5　归档订单资料。		
任务描述	（1）**填写图纸检验单**。第一，从 8 页图纸中找到第 1 页，图纸名称为跑车装配图。第二，查看标题栏，检查需要装配的对应零件和数量，避免发生缺少零件的状况。第三，查看跑车装配后的总长（159.94）、总宽（63）、总高（39.44）3 个外形尺寸。第四，查看零件装配的约束关系，检查图纸是否有完整的装配方法。		

任务描述	（2）**导入模型零件**。第一，创建文件，要注意创建模型文件和装配文件的区别，将其命名为"跑车整车装配"。第二，根据装配图，选定车体装配模型作为第一个导入模型，后续的轮系装配模型将以车体装配模型为装配基准。第三，给车体装配模型添加一个固定约束，保证在装配过程中有一个确定的位置。第四，重复导入命令，将前轮轮系装配模型和后轮轮系装配模型导入进来。 （3）**进行零件装配**。第一，选择车体装配模型和前轮轮系装配模型为装配对象，打开约束命令。第二，查看图纸所示的配合位置，车身前端的圆孔与前轮轮系的车轴要同轴配合，因此，选择的约束关系为"接触"。第三，根据图纸要求，左右两个车轮要以车身为基准左右对称，因此，选择的约束关系为"中心"。第四，手动拖动车轮，检查是否约束完整，车轮是否能够原地转动。第五，选择车体装配模型和后轮轮系装配模型为装配对象，重复第二、三、四步，完成装配，保存文件。 （4）**审订装配结果**。第一，从装配窗口参看装配结构树，检查零件数量是否齐全。第二，通过测量命令查看图纸对应尺寸总长（159.94）、总宽（63）、总高（39.44）3个外形尺寸是否达标。第三，在结构树中检查各项约束是否有过约束现象，通过查看装配模型判断是否存在模型偏移的情况。第四，通过间隙分析命令检查各零件之间是否存在干涉现象。第五，检查文件格式是否符合任务要求。 （5）**交付客户验收**。第一，核对客户验收单是否满足交付条件。第二，归还客户订单原始资料，包括图纸1张、模型数据等，保证原始资料的完整。第三，交付满足客户要求的三维装配电子档1份、三维装配效果图1份等。第四，收回双方约定的验收单，包括原始资料归还的签收单、三维装配图的验收单、客户满意度反馈表等。第五，将客户的订单资料存档，包括客户验收单、三维装配电子档等，注意对客户资料的保密等特定要求。

学时安排	资讯 0.2 学时	计划 0.2 学时	决策 0.2 学时	实施 2 学时	检查 0.2 学时	评价 0.2 学时

对学生的要求	（1）**填写图纸检验单**。第一，学会查看标题栏，检查需要装配的对应零件和数量，避免发生缺少零件的状况。第二，通过查看跑车装配后的总长（159.94）、总宽（63）、总高（39.44）3个外形尺寸，对跑车的大小有一个直观的了解。第三，通过查看零件装配的约束关系，检查图纸是否有完整的装配方法，了解整个装配的安装原理。 （2）**导入模型零件**。第一，创建文件时一定要注意文件命名。第二，第一个导入的零件必须要有一个固定的约束。第三，导入需要装配的零件后，要检查零件是否齐全，不要有遗漏。 （3）**进行零件装配**。第一，装配过程中要循序渐进，完成一个零件的装配后，才能进行下一个零件的装配，避免混乱。第二，认真看图，确定零件装配位置。第三，认真检查，以免出现缺少约束的情况。 （4）**审订装配结果**。第一，学会查看装配结构树，检查零件数量。第二，学会在结构树中检查各项约束，判断是否有过约束现象。第三，学会使用间隙分析命令，通过分析窗口提示的"硬干涉"，找到干涉位置并修改装配参数，以达到图纸要求。

对学生的要求	（5）交付客户验收。第一，仔细核对客户验收单是否满足交付的条件，履行契约精神。第二，学会归还客户订单原始资料，包括图纸 1 张、模型数据等，确保原始资料完好。第三，学会交付满足客户要求的资料，包括三维装配电子档 1 份、三维装配效果图 1 份等，做到细心、准确。第四，学会收回双方约定的验收单，包括原始资料归还的签收单、三维装配图的验收单、客户满意度反馈表等，做到诚实守信。第五，学生需要将客户的订单资料存档，并做好文档归类，以方便查阅。
参考资料	（1）客户需求单。 （2）客户提供的模型图纸 SC-00。 （3）学习通平台上的"机械零部件的三维装配"课程中情境 8 跑车模型整车的三维装配教学资源。 （4）《中文版 UG NX 12.0 从入门到精通（实战案例版）》，中国水利水电出版社，2018 年 9 月，479～484 页。

教学和学习 方式与流程	典型工作环节	教学和学习的方式				
	1. 填写图纸检验单	资讯	计划	决策	实施	检查	评价
	2. 导入模型零件	资讯	计划	决策	实施	检查	评价
	3. 进行零件装配	资讯	计划	决策	实施	检查	评价
	4. 审订装配结果	资讯	计划	决策	实施	检查	评价
	5. 交付客户验收	资讯	计划	决策	实施	检查	评价

材料工具清单

学习情境名称		跑车模型整车的三维装配				学　时	3 学时	
典型工作过程 描述		1. 填写图纸检验单—2. 导入模型零件—3. 进行零件装配—4. 审订装配结果—5. 交付客户验收						
典型 工作过程	序　号	名　　称	作　用	数　量	型　号	使 用 量	使 用 者	
1. 填写图纸 检验单	1	装配图纸	参考	1 张		1 张	学生	
	2	圆珠笔	填表	1 支		1 支	学生	
2. 导入模型 零件	3	机房	上课	1 间		1 间	学生	
3. 进行零件 装配	4	UG NX 12.0	绘图	1 套		1 套	学生	
4. 审订装配 结果	5	UG NX 12.0	绘图	1 套		1 套	学生	
5. 交付客户 验收	6	文件夹	存档	1 个		1 个	学生	
班　级			第　　组			组长签字		
教师签字			日　期					

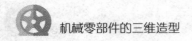

任务一　填写图纸检验单

1. 填写图纸检验单的资讯单

学习情境名称	跑车模型整车的三维装配	学　　时	3 学时
典型工作过程 描述	**1. 填写图纸检验单**—2. 导入模型零件—3. 进行零件装配—4. 审订装配结果—5. 交付客户验收			
收集资讯的方式	（1）查看客户需求单。 （2）查看客户提供的模型图纸 SC-00。 （3）查看教师提供的学习性工作任务单。			
资讯描述	（1）让学生查看客户需求单，明确整车的三维装配的要求。 （2）通过查看装配图纸，获取_____、_____、_____等数据。 （3）将得到的数据填写在图纸检验单上。			
对学生的要求	（1）学会查看标题栏，检查需要装配的_____和_____，避免发生缺少零件的状况，做到细致、严谨。 （2）通过查看跑车装配后的总长（159.94）、总宽（63）、总高（39.44）3个外形尺寸，对跑车的大小有一个直观的了解。 （3）通过查看零件装配的约束关系，检查图纸是否有完整的装配方法，了解整个装配的安装原理。			
参考资料	（1）客户需求单。 （2）客户提供的模型图纸 SC-00。			
班　　级		第　　组	组长签字	
教师签字		日　　期		
资讯的评价	评语：			

2. 填写图纸检验单的计划单

学习情境名称	跑车模型整车的三维装配	学　时	3 学时
典型工作过程描述	**1. 填写图纸检验单**—2. 导入模型零件—3. 进行零件装配—4. 审订装配结果—5. 交付客户验收		
计划制订的方式	（1）查看客户订单。（2）查看学习性工作任务单。（3）咨询教师。		

序　号	具体工作步骤	注　意　事　项
1	填写装配零件的数量	零件名称、零件数量。
2	填写装配的外形尺寸	总长_____、总宽_____、总高_____。
3	填写装配零件的_____	配合公差在车轮和车轴配合处。
4	填写零件装配的约束关系	是否_____装配方法。
5	填写零件装配的技术要求	注意有没有零件摆放状态的要求。

班　级		第　组	组长签字	
教师签字		日　期		

评语：

计划的评价

 机械零部件的三维造型

3. 填写图纸检验单的决策单

学习情境名称	跑车模型整车的三维装配	学　时	3 学时
典型工作过程描述	**1.** 填写图纸检验单—2. 导入模型零件—3. 进行零件装配—4. 审订装配结果—5. 交付客户验收		
序　号	以下哪项是完成"1.填写图纸检验单"这个典型工作环节的正确步骤？		正确与否（正确打√，错误打×）
1	1. 填写装配零件的数量—2. 填写装配的外形尺寸—3. 填写装配零件的配合公差—4. 填写零件装配的约束关系—5. 填写零件装配的技术要求		
2	1. 填写装配的外形尺寸—2. 填写零件装配的约束关系—3. 填写装配零件的配合公差—4. 填写装配零件的数量—5. 填写零件装配的技术要求		
3	1. 填写装配零件的数量—2. 填写零件装配的约束关系—3. 填写装配零件的配合公差—4. 填写零件装配的技术要求—5. 填写装配的外形尺寸		
4	1. 填写零件装配的约束关系—2. 填写装配的外形尺寸—3. 填写装配零件的配合公差—4. 填写装配零件的数量—5. 填写零件装配的技术要求		

决策的评价	班　级		第　　组	组长签字
	教师签字		日　期	
	评语：			

4. 填写图纸检验单的实施单

学习情境名称	跑车模型整车的三维装配		学　时	3 学时
典型工作过程描述	**1. 填写图纸检验单**—2. 导入模型零件—3. 进行零件装配—4. 审订装配结果—5. 交付客户验收			
序　号	实施的具体步骤	注　意　事　项		自　评
1		零件名称、零件数量。		
2		总长（159.94）、总宽（63）、总高（39.44）。		
3		配合公差在车轮和车轴配合处。		
4		是否完整表述装配方法。		
5		注意有没有零件摆放状态的要求。		

实施说明：

（1）学生要认真核对装配图，保证图纸正确。

（2）学生要认真查看标题栏，对照已有的零件和数量。

（3）学生要注意总体尺寸。

（4）学生要认真梳理各零件之间的约束关系。

	班　级		第　　组	组长签字	
	教师签字		日　　期		
实施的评价	评语：				

247

 机械零部件的三维造型

5. 填写图纸检验单的检查单

学习情境名称	跑车模型整车的三维装配		学　时	3 学时
典型工作过程描述	1. 填写图纸检验单—2. 导入模型零件—3. 进行零件装配—4. 审订装配结果—5. 交付客户验收			
序　号	检查项目（具体步骤的检查）	检查标准	小组自查（检查是否完成以下步骤，完成打√，没完成打×）	小组互查（检查是否完成以下步骤，完成打√，没完成打×）
1	填写装配零件的数量	零件名称、零件数量。		
2	填写装配的外形尺寸	总长（159.94）、总宽（63）、总高（39.44）。		
3	填写装配零件的配合公差	配合公差在车轮和车轴配合处。		
4	填写零件装配的约束关系	完整表述装配方法。		
5	填写零件装配的技术要求	零件摆放状态的要求。		

	班　级		第　组	组长签字
	教师签字		日　期	
检查的评价	评语：			

248

6. 填写图纸检验单的评价单

学习情境名称	跑车模型整车的三维装配	学　时	3 学时
典型工作过程描述	**1. 填写图纸检验单**—2. 导入模型零件—3. 进行零件装配—4. 审订装配结果—5. 交付客户验收		
评 价 项 目	评 分 维 度	组长对每组的评分	教 师 评 价
小组 1 填写图纸检验单的阶段性结果	完整、时效、准确		
小组 2 填写图纸检验单的阶段性结果	完整、时效、准确		
小组 3 填写图纸检验单的阶段性结果	完整、时效、准确		
小组 4 填写图纸检验单的阶段性结果	完整、时效、准确		

	班　级		第　　组	组长签字	
	教师签字		日　期		
评价的评价	评语：				

任务二　导入模型零件

1. 导入模型零件的资讯单

学习情境名称	跑车模型整车的三维装配	学　　时	3 学时
典型工作过程 描述	1. 填写图纸检验单—**2. 导入模型零件**—3. 进行零件装配—4. 审订装配结果—5. 交付客户验收		
收集资讯的方式	（1）查看客户需求单。 （2）查看教师提供的学习性工作任务单。 （3）查看客户提供的装配图纸 SC-00。 （4）查看已绘制完成的车体、前翼、后翼 3 个零件。		
资讯描述	（1）让学生查看_____，明确_____的要求。 （2）在 UG NX 软件中新建装配文件。 （3）导入已装配完成的_____和_____装配模型。		
对学生的要求	（1）创建文件时一定要注意文件命名。 （2）第一个导入的零件必须要有一个固定的约束。 （3）导入需要装配的零件后要检查是否齐全，不要遗漏_____。		
参考资料	（1）客户需求单。 （2）客户提供的模型图纸 SC-00。 （3）《中文版 UG NX 12.0 从入门到精通（实战案例版）》，中国水利水电出版社，2018 年 9 月，479～484 页。		
资讯的评价	班　　级		第　　组	组长签字	
	教师签字		日　　期		
	评语：				

2. 导入模型零件的计划单

学习情境名称	跑车模型整车的三维装配	学 时	3 学时
典型工作过程描述	1. 填写图纸检验单—**2. 导入模型零件**—3. 进行零件装配—4. 审订装配结果—5. 交付客户验收		
计划制订的方式	（1）咨询教师。 （2）查找类似的教学视频。		

序 号	具体工作步骤	注 意 事 项
1	创建_____文件	区分模型文件和装配文件，注意文件命名。
2	导入车体装配模型零件	将车体装配模型导入位置直接设置为_____。
3	固定车体装配模型零件	不能缺少，避免出现装配偏移。
4	导入轮系装配模型零件	导入_____和_____。
5	检查整车零件数量	总共____个零件。

	班 级		第 组	组长签字	
	教师签字		日 期		
计划的评价	评语：				

251

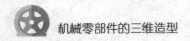

3. 导入模型零件的决策单

学习情境名称	跑车模型整车的三维装配	学　时	3 学时
典型工作过程描述	1. 填写图纸检验单—**2. 导入模型零件**—3. 进行零件装配—4. 审订装配结果—5. 交付客户验收		
序　号	以下哪项是完成"2.导入模型零件"这个典型工作环节的正确步骤?	正确与否 (正确打√,错误打×)	
1	1. 导入轮系装配模型零件—2. 检查整车零件数量—3. 固定车体装配模型零件—4. 创建整车装配文件—5. 导入车体装配模型零件		
2	1. 创建整车装配文件—2. 导入车体装配模型零件—3. 固定车体装配模型零件—4. 导入轮系装配模型零件—5. 检查整车零件数量		
3	1. 固定车体装配模型零件—2. 导入车体装配模型零件—3. 检查整车零件数量—4. 导入轮系装配模型零件—5. 创建整车装配文件		
4	1. 检查整车零件数量—2. 导入轮系装配模型零件—3. 固定车体装配模型零件—4. 导入车体装配模型零件—5. 创建整车装配文件		

	班　级		第　组	组长签字	
	教师签字		日　期		
决策的评价	评语:				

4. 导入模型零件的实施单

学习情境名称	跑车模型整车的三维装配		学　　时	3 学时
典型工作过程描述	1. 填写图纸检验单—**2. 导入模型零件**—3. 进行零件装配—4. 审订装配结果—5. 交付客户验收			
序　号	实施的具体步骤	注 意 事 项		自　评
1		区分模型文件和装配文件,注意文件命名。		
2		将车体装配模型导入位置直接设置为坐标原点。		
3		不能缺少,避免出现装配偏移。		
4		导入前轮轮系装配模型和后轮轮系装配模型。		
5		总共 13 个零件。		

实施说明:

(1) 学生在创建文件时一定要注意文件命名。

(2) 第一个导入的零件必须要有一个固定的约束。

(3) 导入需要装配的零件后要检查是否齐全,不要遗漏零件。

	班　　级		第　　组		组长签字	
	教师签字		日　　期			
实施的评价	评语:					

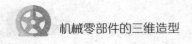

5. 导入模型零件的检查单

学习情境名称	跑车模型整车的三维装配		学 时	3 学时
典型工作过程描述	1. 填写图纸检验单—**2. 导入模型零件**—3. 进行零件装配—4. 审订装配结果—5. 交付客户验收			
序 号	检查项目 （具体步骤的检查）	检 查 标 准	小组自查 （检查是否完成以下步骤，完成打√，没完成打×）	小组互查 （检查是否完成以下步骤，完成打√，没完成打×）
1	创建整车装配文件	区分模型文件和装配文件，注意文件命名。		
2	导入车体装配模型零件	将车体装配模型导入位置直接设置为坐标原点。		
3	固定车体装配模型零件	不能缺少，避免出现装配偏移。		
4	导入轮系装配模型零件	导入前轮轮系装配模型和后轮轮系装配模型。		
5	检查整车零件数量	总共 13 个零件。		

	班 级		第 组	组长签字	
	教师签字		日 期		
检查的评价	评语：				

6. 导入模型零件的评价单

学习情境名称	跑车模型整车的三维装配		学　时	3 学时
典型工作过程描述	1. 填写图纸检验单—**2. 导入模型零件**—3. 进行零件装配—4. 审订装配结果—5. 交付客户验收			
评价项目	评分维度	组长对每组的评分		教师评价
小组 1 导入模型零件的阶段性结果	完整、时效、准确			
小组 2 导入模型零件的阶段性结果	完整、时效、准确			
小组 3 导入模型零件的阶段性结果	完整、时效、准确			
小组 4 导入模型零件的阶段性结果	完整、时效、准确			
	班　级		第　　组	组长签字	
	教师签字		日　期		
评价的评价	评语：			

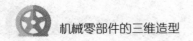

任务三　进行零件装配

1. 进行零件装配的资讯单

学习情境名称	跑车模型整车的三维装配	学　时	3 学时
典型工作过程描述	1. 填写图纸检验单—2. 导入模型零件—3. 进行零件装配—4. 审订装配结果—5. 交付客户验收		
收集资讯的方式	（1）查看客户需求单。 （2）查看教师提供的学习性工作任务单。 （3）查看客户提供的装配图纸 SC-00。 （4）查看学习通平台上的"机械零部件的三维装配"课程中情境 8 跑车模型整车的三维装配教学资源。		
资讯描述	（1）让学生查看客户需求单，明确整车的三维装配的要求。 （2）学习"跑车模型整车的三维装配"微课，完成车体和轮系装配模型的三维装配。 （3）检查_____与_____的约束是否完整。		
对学生的要求	（1）装配过程中要循序渐进，完成一个_____的装配后，才能进行下一个零件的装配，避免混乱。 （2）认真看图，确定零件_____位置。 （3）认真检查，以免出现缺少_____的情况。		
参考资料	（1）客户需求单。 （2）客户提供的模型图纸 SC-00。 （3）学习通平台上的"机械零部件的三维装配"课程中情境 8 跑车模型整车的三维装配教学资源。 （4）《中文版 UG NX 12.0 从入门到精通（实战案例版）》，中国水利水电出版社，2018 年 9 月，479～484 页。		
资讯的评价	班　级　　　　　第　组　　组长签字 教师签字　　　　　日　期 评语：		

2. 进行零件装配的计划单

学习情境名称	跑车模型整车的三维装配		学 时	3 学时
典型工作过程描述	1. 填写图纸检验单—2. 导入模型零件—**3. 进行零件装配**—4. 审订装配结果—5. 交付客户验收			
计划制订的方式	（1）查看教师提供的教学资料。 （2）通过任务书自行试操作。			
序 号	具体工作步骤	注 意 事 项		
1	确定关联零件	车体装配模型和轮系装配模型。		
2	选择约束命令	选择装配模块里的约束。		
3	选择约束关系	选择_____、_____约束。		
4	选择约束元素	车体和轮系的_____和_____。		
5	检查约束完整性	手动拖动前后轮，检查约束是否完成，车轮是否能够_____。		
6	保存文件	保存为指定的格式。		

	班 级		第 组	组长签字	
	教师签字		日 期		
计划的评价	评语：				

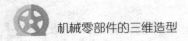

3. 进行零件装配的决策单

学习情境名称	跑车模型整车的三维装配	学 时	3 学时
典型工作过程 描述	1. 填写图纸检验单—2. 导入模型零件—**3. 进行零件装配**—4. 审订装配 结果—5. 交付客户验收		
序 号	以下哪项是完成"3.进行零件装配"这个典型工作环节的 正确步骤？		正确与否 （正确打√，错误打×）
1	1. 选择约束元素—2. 选择约束命令—3. 选择约束关系— 4. 检查约束完整性—5. 确定关联零件—6. 保存文件		
2	1. 选择约束元素—2. 检查约束完整性—3. 选择约束关系— 4. 确定关联零件—5. 选择约束命令—6. 保存文件		
3	1. 确定关联零件—2. 选择约束命令—3. 选择约束关系— 4. 选择约束元素—5. 检查约束完整性—6. 保存文件		
4	1. 选择约束元素—2. 确定关联零件—3. 选择约束关系— 4. 选择约束命令—5. 检查约束完整性—6. 保存文件		

	班 级		第 组	组长签字	
	教师签字		日 期		
决策的评价	评语：				

4. 进行零件装配的实施单

学习情境名称	跑车模型整车的三维装配		学　时	3 学时
典型工作过程描述	1. 填写图纸检验单—2. 导入模型零件—3. 进行零件装配—4. 审订装配结果—5. 交付客户验收			
序　号	实施的具体步骤	注意事项		自　评
1		车体装配模型和轮系装配模型。		
2		选择装配模块里的约束。		
3		选择"接触"约束、"中心"约束。		
4		车体和轮系的轴线和对称面。		
5		手动拖动前后轮,检查约束是否完成,车轮是否能够原地转动。		
6		保存为指定的格式。		

实施说明:

(1)装配过程中要循序渐进,完成一个零件的装配后,才能进行下一个零件的装配,避免混乱。

(2)认真看图,确定零件装配位置。

(3)认真检查,以免出现缺少约束的情况。

	班　级		第　组		组长签字	
	教师签字		日　期			
实施的评价	评语:					

 机械零部件的三维造型

5. 进行零件装配的检查单

学习情境名称	跑车模型整车的三维装配		学　时	3 学时
典型工作过程描述	1. 填写图纸检验单—2. 导入模型零件—**3.** 进行零件装配—4. 审订装配结果—5. 交付客户验收			
序　号	检查项目 （具体步骤的检查）	检查标准	小组自查 （检查是否完成以下步骤，完成打✓，✓，没完成打×）	小组互查 （检查是否完成以下步骤，完成打✓，没完成打×）
1	确定关联零件	车体装配模型和轮系装配模型。		
2	选择约束命令	选择装配模块里的约束。		
3	选择约束关系	选择"接触"约束、"中心"约束。		
4	选择约束元素	车体和轮系的轴线和对称面。		
5	检查约束完整性	手动拖动前后轮，约束完成，车轮能够原地转动。		
6	保存文件	保存为指定的格式。		

	班　级			第　组	组长签字	
	教师签字			日　期		
	评语：					
检查的评价						

260

6. 进行零件装配的评价单

学习情境名称	跑车模型整车的三维装配		学　　时	3 学时
典型工作过程描述	1. 填写图纸检验单—2. 导入模型零件—**3. 进行零件装配**—4. 审订装配结果—5. 交付客户验收			
评 价 项 目	评 分 维 度	组长对每组的评分		教 师 评 价
小组 1 进行零件装配的阶段性结果	完整、时效、准确			
小组 2 进行零件装配的阶段性结果	完整、时效、准确			
小组 3 进行零件装配的阶段性结果	完整、时效、准确			
小组 4 进行零件装配的阶段性结果	完整、时效、准确			
评价的评价	班　　级		第　　组	组长签字	
	教师签字		日　　期		
	评语：				

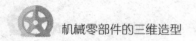

任务四　审订装配结果

1. 审订装配结果的资讯单

学习情境名称	跑车模型整车的三维装配	学　　时	3 学时
典型工作过程描述	1. 填写图纸检验单—2. 导入模型零件—3. 进行零件装配—**4. 审订装配结果**—5. 交付客户验收		
收集资讯的方式	（1）查看客户需求单。 （2）查看教师提供的学习性工作任务单。 （3）查看客户提供的装配图纸 SC-00。 （4）查看学习通平台上的"机械零部件的三维装配"课程中情境 8 跑车模型整车的三维装配教学资源。		
资讯描述	（1）通过装配结构树，检查装配中零件的_____。 （2）根据客户需求单中跑车模型整车的图纸，检查外形尺寸是否正确。 （3）通过结构树检查模型约束情况。 （4）通过_____命令检查干涉情况。		
对学生的要求	（1）学生学会查看装配结构树，检查零件数量。 （2）学生学会测量和检查模型_____。 （3）学生学会在_____中检查各项约束，判断是否有过约束现象。 （4）学生学会使用间隙分析命令，通过分析窗口提示的"_____"，找到干涉位置并修改装配参数，以达到图纸要求。 （5）学生能检查文件的格式是否与客户需求单的要求一致。		
参考资料	（1）客户需求单。 （2）客户提供的跑车模型整车的图纸 SC-00。 （3）学习性工作任务单。		

资讯的评价	班　　级		第　　组	组长签字	
	教师签字		日　　期		
	评语：				

2. 审订装配结果的计划单

学习情境名称	跑车模型整车的三维装配	学　时	3 学时
典型工作过程描述	1. 填写图纸检验单—2. 导入模型零件—3. 进行零件装配—**4. 审订装配**结果—5. 交付客户验收		
计划制订的方式	（1）查看客户需求单。 （2）查看学习性工作任务单。		

序　号	具体工作步骤	注 意 事 项
1	检查装配零件的数量	查看_____，检查零件数量是否齐全。
2	检查装配的_____	测量总长（159.94）、总宽（63）、总高（39.44）3 个_____是否达标。
3	检查零件装配的约束关系	查看是否存在_____现象和模型偏移情况。
4	检查整体装配的干涉情况	检查零件之间是否存在_____。
5	检查文件格式	是否按客户需求单的要求保存。

	班　级		第　　组	组长签字	
	教师签字		日　　期		
计划的评价	评语：				

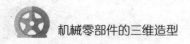

3. 审订装配结果的决策单

学习情境名称	跑车模型整车的三维装配		学　　时	3 学时
典型工作过程描述	1. 填写图纸检验单—2. 导入模型零件—3. 进行零件装配—**4. 审订装配结果**—5. 交付客户验收			
序　　号	以下哪项是完成"4.审订装配结果"这个典型工作环节的正确步骤？			正确与否（正确打√,错误打×）
1	1. 检查整体装配的干涉情况—2. 检查装配零件的数量—3. 检查零件装配的约束关系—4. 检查装配的外形尺寸—5. 检查文件格式			
2	1. 检查装配的外形尺寸—2. 检查文件格式—3. 检查零件装配的约束关系—4. 检查整体装配的干涉情况—5. 检查装配零件的数量			
3	1. 检查文件格式—2. 检查整体装配的干涉情况—3. 检查零件装配的约束关系—4. 检查装配零件的数量—5. 检查装配的外形尺寸			
4	1. 检查装配零件的数量—2. 检查装配的外形尺寸—3. 检查零件装配的约束关系—4. 检查整体装配的干涉情况—5. 检查文件格式			
决策的评价	班　　级		第　　组	组长签字	
	教师签字		日　　期		
	评语：				

4. 审订装配结果的实施单

学习情境名称	跑车模型整车的三维装配		学　时	3学时
典型工作过程描述	1. 填写图纸检验单—2. 导入模型零件—3. 进行零件装配—4. 审订装配结果—5. 交付客户验收			
序　号	实施的具体步骤	注　意　事　项		自　评
1		查看装配结构树，检查零件数量是否齐全。		
2		测量总长（159.94）、总宽（63）、总高（39.44）3个外形尺寸是否达标。		
3		查看是否存在过约束现象和模型偏移情况。		
4		检查零件之间是否存在干涉现象。		
5		是否按客户需求单的要求保存。		

实施说明：

（1）检查数量时，要从装配窗口查看装配结构树，以便于检查装配零件数量是否齐全。

（2）检查外形尺寸时，要使用测量命令查看图纸对应总长（159.94）、总宽（63）、总高（39.44）3个外形尺寸是否达标。

（3）检查约束关系时，要注意在结构树中检查各项约束是否有过约束现象，通过查看装配模型，判断是否存在模型偏移的情况。

（4）检查干涉情况时，要通过间隙分析命令检查各零件之间是否存在干涉现象。

（5）检查文件格式时，要注意查看客户需求单，另存为.stp格式。

	班　级		第　组		组长签字	
	教师签字		日　期			
实施的评价	评语：					

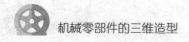

5. 审订装配结果的检查单

学习情境名称	跑车模型整车的三维装配		学　　时	3 学时
典型工作过程描述	1. 填写图纸检验单—2. 导入模型零件—3. 进行零件装配—**4. 审订装配结果**—5. 交付客户验收			
序　　号	检查项目 （具体步骤的检查）	检查标准	小组自查 （检查是否完成以下步骤，完成打√，没完成打×）	小组互查 （检查是否完成以下步骤，完成打√，没完成打×）
1	检查装配零件的数量	查看装配结构树，零件数量齐全。		
2	检查装配的外形尺寸	测量总长（159.94）、总宽（63）、总高（39.44）3 个外形尺寸达标。		
3	检查零件装配的约束关系	不存在过约束现象和模型偏移情况。		
4	检查整体装配的干涉情况	零件之间不存在干涉现象。		
5	检查文件格式	按客户需求单的要求保存。		

检查的评价	班　　级		第　　组	组长签字	
	教师签字		日　　期		
	评语：				

6. 审订装配结果的评价单

学习情境名称	跑车模型整车的三维装配	学　　时	3 学时
典型工作过程描述	1. 填写图纸检验单—2. 导入模型零件—3. 进行零件装配—**4. 审订装配结果**—5. 交付客户验收		
评价项目	评分维度	组长对每组的评分	教师评价
小组 1 审订装配结果的阶段性结果	速度、严谨、正确		
小组 2 审订装配结果的阶段性结果	速度、严谨、正确		
小组 3 审订装配结果的阶段性结果	速度、严谨、正确		
小组 4 审订装配结果的阶段性结果	速度、严谨、正确		

	班　　级		第　　组	组长签字	
	教师签字		日　　期		
评价的评价	评语:				

任务五　交付客户验收

1. 交付客户验收的资讯单

学习情境名称	跑车模型整车的三维装配	学　时	3 学时
典型工作过程描述	1. 填写图纸检验单—2. 导入模型零件—3. 进行零件装配—4. 审订装配结果—**5. 交付客户验收**		
收集资讯的方式	（1）查看客户需求单。 （2）客户订单资料的存档归类演示。 （3）查看教师提供的学习性工作任务单。		
资讯描述	（1）查看客户需求单，明确客户的要求。 （2）查看验收单收集案例，明确_____的内容。 （3）明确满足客户要求的资料内容。 （4）查询资料，明确客户订单资料的存档方法。		
对学生的要求	（1）仔细核对客户验收单是否满足交付的条件，履行契约精神。 （2）学会归还客户订单原始资料，包括_____、_____等，确保原始资料完好。 （3）学会交付满足_____的资料，包括三维装配电子档 1 份、三维装配效果图 1 份等，做到细心、准确。 （4）学会收回双方约定的验收单，包括原始资料归还的签收单、三维装配图的验收单、客户满意度反馈表等，在交付过程中做到_____。 （5）学会将客户的订单资料存档，并做好文档归类，以方便查阅。		
参考资料	（1）客户需求单。 （2）客户提供的模型图纸 SC-00。 （3）学习性工作任务单。		

班　级		第　组		组长签字	
教师签字		日　期			
资讯的评价	评语： 				

2. 交付客户验收的计划单

学习情境名称	跑车模型整车的三维装配	学　　时	3 学时
典型工作过程描述	1. 填写图纸检验单—2. 导入模型零件—3. 进行零件装配—4. 审订装配结果—5. **交付客户验收**		
计划制订的方式	（1）查看客户验收单。 （2）查看教师提供的学习资料。		
序　号	具体工作步骤	注　意　事　项	
1	核对客户验收单	查看验收单，确定是否可以交付。	
2	归还客户订单原始资料	图纸 1 张、模型数据。	
3	＿＿＿装配图等资料	三维装配电子档＿＿份、三维装配效果图＿＿份。	
4	收回客户验收单	＿＿＿＿＿＿归还的签收单、三维装配图的验收单、客户满意度反馈表。	
5	＿＿＿订单资料	客户验收单、三维装配电子档存档规范。	

班　级		第　　组	组长签字	
教师签字		日　期		
评语：				

计划的评价

269

机械零部件的三维造型

3. 交付客户验收的决策单

学习情境名称	跑车模型整车的三维装配	学　时	3 学时
典型工作过程描述	1. 填写图纸检验单—2. 导入模型零件—3. 进行零件装配—4. 审订装配结果—**5. 交付客户验收**		

序　号	以下哪项是完成"5.交付客户验收"这个典型工作环节的正确步骤？	正确与否（正确打✓，错误打×）
1	1. 收回客户验收单—2. 归还客户订单原始资料—3. 交付装配图等资料—4. 核对客户验收单—5. 归档订单资料	
2	1. 交付装配图等资料—2. 归还客户订单原始资料—3. 核对客户验收单—4. 收回客户验收单—5. 归档订单资料	
3	1. 核对客户验收单—2. 归还客户订单原始资料—3. 交付装配图等资料—4. 收回客户验收单—5. 归档订单资料	
4	1. 归档订单资料—2. 归还客户订单原始资料—3. 交付装配图等资料—4. 收回客户验收单—5. 核对客户验收单	

决策的评价	班　级		第　　组	组长签字	
	教师签字		日　期		
	评语：				

270

4. 交付客户验收的实施单

学习情境名称	跑车模型整车的三维装配		学　　时	3 学时
典型工作过程 描述	1. 填写图纸检验单—2. 导入模型零件—3. 进行零件装配—4. 审订装配结果— **5. 交付客户验收**			
序　　号	实施的具体步骤	注　意　事　项		自　　评
1		查看验收单，确定是否可以交付。		
2		图纸 1 张、模型数据。		
3		三维装配电子档 1 份、三维装配 效果图 1 份。		
4		原始资料归还的签收单、三维装 配图的验收单、客户满意度反馈表。		
5		客户验收单、三维装配电子档存 档规范。		

实施说明：

（1）学生要认真、仔细地核对客户验收单，保证交付正确。

（2）学生要归还客户提供的所有原始资料，可以跟签收单对照。

（3）学生要交付三维装配图、纸质资料等。

（4）学生要明确收回哪些单据。

（5）学生在归档订单资料时，资料整理一定要规范，以方便查找。

	班　　级		第　　组	组长签字	
实施的评价	教师签字		日　　期		
	评语：				

271

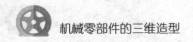

5. 交付客户验收的检查单

学习情境名称	跑车模型整车的三维装配		学　时	3 学时
典型工作过程描述	1. 填写图纸检验单—2. 导入模型零件—3. 进行零件装配—4. 审订装配结果—**5. 交付客户验收**			
序　号	检查项目（具体步骤的检查）	检查标准	小组自查（检查是否完成以下步骤，完成打✓，没完成打×）	小组互查（检查是否完成以下步骤，完成打✓，没完成打×）
1	核对客户验收单	验收单满足交付条件。		
2	归还客户订单原始资料	图纸 1 张、模型数据。		
3	交付装配图等资料	三维装配电子档 1 份、三维装配效果图 1 份。		
4	收回客户验收单	原始资料归还的签收单、三维装配图的验收单、客户满意度反馈表。		
5	归档订单资料	客户验收单、三维装配电子档存档规范。		

检查的评价	班　级		第　组	组长签字
	教师签字		日　期	
	评语：			

6. 交付客户验收的评价单

学习情境名称	跑车模型整车的三维装配		学 时	3 学时
典型工作过程 描述	1. 填写图纸检验单—2. 导入模型零件—3. 进行零件装配—4. 审订装配结果—5. 交付客户验收			
评价项目	评分维度	组长对每组的评分		教师评价
小组 1 交付客户验收的阶段性 结果	诚信、完整、时效、美观			
小组 2 交付客户验收的阶段性 结果	诚信、完整、时效、美观			
小组 3 交付客户验收的阶段性 结果	诚信、完整、时效、美观			
小组 4 交付客户验收的阶段性 结果	诚信、完整、时效、美观			
	班 级		第 组	组长签字	
	教师签字		日 期		
评价的评价	评语:				

参 考 文 献

[1] 天工在线. 中文版 UG NX 12.0 从入门到精通：实战案例版[M]. 北京：中国水利水电出版社，2018.

[2] 高永祥. 零件三维建模与制造：UG NX 三维造型[M]. 北京：机械工业出版社，2010.

[3] 杨咸启，褚园，钱胜. 机电产品三维造型创新设计与仿真实例[M]. 北京：科学出版社，2016.

[4] 吴晨刚. 三维造型实践练习图册[M]. 北京：化学工业出版社，2020.